А. Беззубцев-Кондаков

Почему это случилось?

Техногенные катастрофы в России

ПИТЕР®

Москва · Санкт-Петербург · Нижний Новгород · Воронеж
Ростов-на-Дону · Екатеринбург · Самара · Новосибирск
Киев · Харьков · Минск
2010

ББК 63.3(2)
УДК 94(47)
Б39

Беззубцев-Кондаков А. Е.

Б39 Почему это случилось? Техногенные катастрофы в России. — СПб.: Питер, 2010. — 288 с.: ил.

ISBN 978-5-49807-695-9

Чернобыльская катастрофа, гибель подводной лодки «Курск», самолета Ту-154 под Донецком, авария на Саяно-Шушенской ГЭС… Кажется, в последние годы Россия живет от катастрофы к катастрофе. Чтобы остановить надвигающийся на нас кошмарный «девятый вал», необходимо понять, как и почему происходят эти трагедии. Год за годом не смолкают споры о том, что помешало отвести угрозу — легкомысленное пренебрежение опасностью или же преступный умысел. Эта книга доказывает, что каждой из катастроф можно было бы избежать. Читатели познакомятся с обстоятельствами и причинами самых известных катастроф в СССР–России, воспоминаниями и свидетельствами очевидцев. Автор проанализировал и различные версии событий, в том числе гипотезы о возможных диверсиях. Действительно ли в момент взрыва чернобыльского реактора в небе над станцией завис американский спутник, а атомная подводная лодка «Курск» была торпедирована иностранной субмариной? Каждая крупная катастрофа остается тайной, но некоторые из них обязательно будут разгаданы.

ББК 63.3(2)
УДК 94(47)

ISBN 978-5-49807-695-9

Содержание

Пролог

Не станет ни Европы, ни Америки,
Ни Царскосельских парков, ни Москвы.
Припадок атомической истерики
Все распылит в сиянье синевы.

Георгий Иванов

Катастрофа — это война.

В такой войне есть побежденные, но нет победителей. Есть свои герои, которые мужественно идут на смерть, преодолевают лишения и страдания, являя пример высокого героизма и самопожертвования. За ликвидацией последствий катастроф мы наблюдаем так, будто перед нами — хроника боевых действий. Полем сражения может оказаться обычный жилой дом или городская улица, вагон метро или взлетная полоса аэропорта, заводской цех или машинный зал электростанции, буровая вышка или здание аквапарка...

Катастрофа — это то, к чему нельзя подготовиться и к чему нельзя привыкнуть.

Никто не знает, где и когда нас настигнет демон катастрофы.

На заре XX века поэт Максимилиан Волошин писал: «В сердцах машин клокочет злоба бесья». Писатели, поэты и философы разных стран в начале минувшего столетия много размышляли о том, что человечество вступает в новую эпоху, когда техника может не только заменить человека, но и, возможно, сначала подчинить, а затем и вообще его уничтожить. Писатель Александр Куприн в известной повести «Молох» описывал промышленное предприятие, которое подобно божеству Молоху, «требующему теплой человеческой крови». Но такие предостережения долгое время оставались неуслышанными... И это неудивительно, ведь люди, как правило, стараются не замечать дурных предзнаменований. В 1920 году Карел Чапек придумал новое слово — «*робот*», которое обозначало человекоподобную машину, наделенную искусственным интеллектом. Ускоряющиеся год от года темпы промышленного роста, переход к конвейерному «поточному» производству, бурное развитие научного знания, начало «гонки вооружений» — все это коренным образом изменило отношение человека и к окружающему миру, и к Богу, и к самому себе. Казалось, что овладение техникой — шаг к могуществу. Человек возгордился, причем возгордился безмерно.

Настоящим символом современного типа катастроф на долгие десятилетия стала гибель британского парохода «Титаник», который в 1912 году во время своего первого рейса столкнулся в Атлантике с айсбергом. Но в новейшей истории России происходили катастрофы не менее трагические и масштабные, чем нашумевшая эпопея «Титаника». Если бы сто лет назад люди внезапно обрели способность увидеть свое будущее, то, наверное, предвидения одной только Чернобыльской катастрофы было бы достаточно, чтобы разрушить тогдашние радужные представления о всемогущей технике. Но «отрезвление» наступило слишком поздно — когда человечество уже не в состоянии отказаться от своей технозависимости: мы привыкли к высоким скоростям, к комфортному передвижению по земле, воде и воздуху, к удобству во всем и к мнимому чувству защищенности от природных стихий. Прогресс — вещь очень коварная. Он создает иллюзию свободы и силы, но на самом деле делает человека легко уязвимым и порой совершенно беззащитным.

Удивительно, что, несмотря на частое употребление, выражение «техногенная катастрофа» (от греч. *techne* — мастерство, *genes* — рожденный) по сей день остается не до конца осмысленным.

Понятно, например, что мы имеем в виду под природными катастрофами — извержения вулканов, землетрясения, цунами, засухи, то есть катаклизмы, которые в былые времена называли бы проявлением Господнего гнева.

Несколько сложнее обстоят дела с нашим представлением о техногенных катастрофах. Конечно, неслучайно четкое разделение природных бедствий и технологических катастроф зафиксировано во многих международных документах, например в Соглашении об организации деятельности Красного Креста и Красного Полумесяца, которое было подписано в Севилье в 1997 году. Это принципиально разные явления. Однако задумаемся, можно ли, например, назвать бомбардировки Хиросимы и Нагасаки, единственный в мировой истории пример использования ядерного оружия, техногенной катастрофой?.. С одной стороны, сброшенная американцами атомная бомба «Little Boy» образцово выполнила свое предназначение, ведь этот вид оружия был создан именно для уничтожения огромного количества людей. Техника исполнила свою «миссию» без сбоев и внештатных ситуаций. С другой стороны, более 140 тысяч погибших жителей Хиросимы — это небывалый в истории пример такого применения техники, когда человек ставит под угрозу собственное существование на земле. *Он убивает не других, а самого себя.* С этой точки зрения всякая современная война — это техногенная катастрофа. Поэтому катастрофичность такого прогресса (а развитие оружия массового поражения — это тоже прогресс) совершенно очевидна.

Примечательно, что некоторые катаклизмы объединяют в себе «природные» и «техногенные» свойства — прежде всего, это катастрофы, вызванные добычей природных ископаемых в сейсмически небезопасных районах. Например, в 1971 году на Старогрозненском нефтяном месторождении близ Грозного произошло землетрясение интенсивностью семь баллов, которое, по оценкам сейсмологов, было спровоцировано разработкой нефтяной залежи. Подобные же землетрясения имели место на Сахалине вблизи городов Нефтегорск и Оха (в 1995 и 1996 годах), а также при добыче полезных ископаемых на Североуральском бокситовом руднике, на Южноуральском бокситовом руднике (1990 год), Соликамском руднике (1995 год) и на других рудниках России. Понятно, что в XX веке «нагрузка» человека на окружающую среду стала столь непомерно тяжелой, что уже сама природа «бунтует» наравне с техникой. «Гнев природы» в подобных случаях трудно отделить от сбоев в работе сложных механизмов и технических систем. Природа и техника словно бы объединяют усилия в борьбе с человеком.

Если говорить кратко, то можно назвать техногенные катастрофы *рукотворными катаклизмами* («man-made catastrophe»). Их виновником и жертвой становится сам человек. Так люди расплачиваются за свою слепую веру в прогресс и безграничные возможности науки. Чаще всего под техногенной катастрофой понимается аномалия, вызванная сбоем технологической системы. То есть это своего рода акт неповиновения «робота» своему создателю. Таким образом, мы «отсекаем» от интересующей нас проблемы террористические акты, вооруженные конфликты и войны, а также природные катаклизмы.

Вообще катастрофа — это неизбежная спутница прогресса, а техносфера — явление по определению агрессивное и жестокое по отношению к человеку. Следовательно, сколь ни парадоксально это звучит, техногенная катастрофа — *это смерть, которую мы добровольно выбираем.* Давно известно, что в природе всякое вещество — и яд и лекарство одновременно. Так и технологии — они несут и жизнь и смерть. Каждый научно-технический «прорыв» в истории связан с появлением нового типа катастроф.

Мы пока еще не забыли, какую нешуточную тревогу вызвало ожидание 2000 года, когда разработчики программного обеспечения готовились к грандиозным сбоям, вызванным непредсказуемой адаптацией аппаратуры и программ для работы с датами нового века. Нам пророчили и обвал рынков, и внезапное «зависание» компьютеров авиационных диспетчеров, и отказ систем безопасности на атомных станциях… Во многих странах мира люди ждали Миллениума как конца света, вызванного глобальной техногенной катастрофой. Здесь, пожалуй, уместно вспомнить остроумную фразу, произнесенную писателем-фантастом Станиславом Лемом: «*Если ад существует, то он наверняка компьютеризирован*». Хотя человечество вступило в новую круглую дату безо всяких потрясений, мы в очередной раз почувствовали собственную уязвимость. Стоит начаться глобальному компьютерному сбою, как все человечество в мгновение ока окажется низвергнутым в каменный век. Может быть, наша перспектива — пуститься в обратный путь по дороге прогресса, из будущего в прошлое?..

Кажется, в последние годы Россия живет от катастрофы к катастрофе. Для того чтобы остановить надвигающийся на нас кошмарный «девятый вал», необходимо понять, как и почему происходят эти трагедии. Данная книга доказывает, что практически каждой из этих катастроф можно было избежать. Год за годом не смолкают споры о том, что же помешало отвести угрозу — легкомысленное пренебрежение опасностью или же преступный умысел.

Вообще в изучении многих техногенных катастроф не обойтись без обращения к такому загадочному явлению, как деаксия. Коротко говоря, *деаксия — это утрата восприятия очевидности.* Очень часто именно она ведет к трагедии. Там, где можно предусмотреть возникновение проблемы, люди порой ее не видят — по легкомыслию или из боязни столкнуться с проблемой. Персонал Чернобыльской атомной станции, решаясь на рискованный эксперимент с реактором, даже не предпринял дополнительных мер безопасности. Неисправным отправлялся в свой последний рейс затонувший в Балтийском море пассажирский паром «Эстония». И подводная лодка «Курск» выходила в свое последнее плавание с неработающим аварийным буем... Очевидно, что и трагедию на Саяно-Шушенской ГЭС можно было спрогнозировать исходя из катастрофической изношенности ее оборудования. Но во всех этих случаях люди предпочитали закрывать глаза на грозные предвестия будущей трагедии.

Россия за свою историю пережила много катастроф. Но, пожалуй, лишь на рубеже нового тысячелетия каждая катастрофа выглядит как репетиция Апокалипсиса.

Сегодня катастрофы перестают быть «локальными», а их воздействие имеет длительный, отложенный во времени эффект.

В позиции страуса

Техника техникой, но лифт ломается чаще, чем лестница.

Станислав Ежи Лец

Современный американский исследователь Джон Лесли в книге «Конец мира», анализируя сценарии возможных катастроф, пришел к выводу, что сегодня у человечества имеются 30-процентные шансы быть полностью уничтоженным на протяжении следующих 500 лет — прежде всего, из-за утраты нами контроля за технологиями, которые несут смерть и разрушение. А это означает, что риск катастроф снижаться не будет. Прогноз пессимистичен, но он вполне обоснован.

Обратим наш взгляд к России. Создание в нашей стране отдельного государственного «ведомства по катастрофам» — Министерства по делам гражданской обороны, чрезвычайным ситуациям и ликвидации последствий стихийных бедствий — свидетельство того, что наша страна вступила в такой критический период своей истории, когда катастрофы не только ведут к массовой гибели людей, но и могут нанести сокрушительный удар по российской государственности. Износ промышленных фондов во многих отраслях производства достигает критических пределов, и до сих пор нас еще спасает советский «запас прочности». Но он не безграничен. Президент Национальной ассоциации контроля и сварки Николай Алешин в интервью «Итогам» (12.10.2009) привел устрашающие данные: сегодня в России насчитывается порядка 100 тысяч описанных технологических объектов, а изношенность технологического парка составляет от 50 до 70 процентов, 16 тысяч объектов уже вплотную приблизились к стопроцентной выработке своего эксплуатационного ресурса. «Но самое страшное даже не эти цифры, — говорит Николай Алешин, — а то, что сегодня никто понятия не имеет, каково реальное состояние объектов энергетики, инфраструктуры, машин и прочего оборудования. Все данные берутся только из проектных документов советского периода. Чтобы знать реальное положение дел, нужно проводить проверки». А проверки — это дополнительные расходы, на которые готовы пойти далеко не все предприятия.

Получается, сегодня мы совершенно не представляем, какие угрозы сопровождают наше ежедневное существование. Не знаем, то есть предпочитаем не знать.

Но долго ли мы сможем прятать голову в песок?

Счастливый город имени Лаврентия Берии

Разумные люди приспосабливаются к окружающему миру. Неразумные люди приспосабливают мир к себе. Вот почему прогресс определяется действиями неразумных людей.

Джордж Бернард Шоу

Разгневанный Христос

16 июля 1945 года на уединенной авиационной базе Аламогордо в штате Нью-Мексико прошли первые в истории испытания атомной бомбы. Американская программа разработки ядерного оружия, носившая кодовое название «Манхэттенский проект» («Manhattan Project»), увенчалась успехом, и теперь Соединенные Штаты Америки с полным основанием могли называться сверхдержавой — у них в руках оказалось самое совершенное и самое беспощадное оружие на планете.

«Манхэттенский проект» осуществлялся в обстановке строжайшей секретности, но внешняя разведка Советского Союза еще в 1941 году располагала информацией о работах американских ученых по созданию «урановой бомбы», как тогда называлось атомное оружие. В марте 1942 года Лаврентий Павлович Берия направил Сталину аналитическую записку, написанную на основе разведданных, в которой сообщал, что с 1939 года Германия, Англия, Франция и США ведут работы по созданию атомного оружия. В декабре 1942 года на опытном реакторе в Чикаго американские ученые под руководством итальянского физика Энрико Ферми впервые осуществили управляемую цепную ядерную реакцию, и для руководства Советского Союза это было стимулом для собственных работ по атомному проекту. Почти одновременно с чикагским экспериментом в СССР было принято решение о начале добычи урановой руды в Таджикистане, а в феврале 1943 года создается лаборатория под руководством академика Курчатова, перед которым поставили задачу в самые кратчайшие сроки воспроизвести опыт Ферми.

Так что Иосиф Виссарионович Сталин прекрасно знал то, о чем не догадывались даже самые высокие чины в правительстве Соединенных Штатов... Об успешном испытании оружия президент США Гарри Трумэн узнал, находясь на открывшейся в Потсдаме конференции глав правительств СССР, США и Великобритании, где обсуждались вопросы послевоенного устройства побежденной Германии. Направляясь на эти переговоры, Трумэн говорил: «*Если только она* [*атомная бомба. — А. Б.-К.*] *взорвется, а я думаю, что это будет именно так, то я получу дубину, чтобы ударить по этой стране*», — президент имел в виду Советский Союз, будущего партнера Соединенных Штатов на Потсдамской конференции. Атомное оружие было ему нужно, чтобы ограничить влияние страны, внесшей главный вклад в победу над фашизмом. Трумэн был уверен, что атомная бомба будет нескоро создана в истощенном многолетней войной Советском Союзе, который принял разрушительный удар гитлеровских полчищ. Узнав об успешном испытании атомной бомбы, премьер-министр Великобритании Уинстон Черчилль воскликнул: «Что такое порох? Чепуха! Электричество? Бессмыслица! Атомная бомба — вот второе пришествие Христа!» Военный министр США Стимсон так отреагировал на восторженную реплику британского премьера: «*Да, но на этот раз это был разгневанный Христос!*»

После заседания «большой тройки» в парке у замка Цицилиенхоф Трумэн подошел к Сталину и, с трудом сдерживая радостное волнение, сказал: «У нас есть теперь бомба необычайно большой силы». Глава Советского государства выслушал своего американского коллегу совершенно невозмутимо. Трумэн ожидал чего угодно, но только не такой реакции Сталина. Он даже подумал, что Сталин, возможно, не понял его.

«Он не задал мне ни одного вопроса», — недоуменно сказал Трумэн Черчиллю.

Попытка атомного шантажа провалилась.

Итак, Сталин прекрасно понял Трумэна, но виду не подал. Иосиф Виссарионович помнил о том, что в то время, когда шла Потсдамская конференция, в московской лаборатории академика Игоря Васильевича Курчатова уже работал циклотрон, с помощью которого вырабатывался плутоний для атомной бомбы, и заканчивалось строительство первого опытного уран-графитового реактора. Маршал Советского Союза Г. К. Жуков в мемуарах так рассказывал о реакции Сталина на сообщение Гарри Трумэна: «Вернувшись с заседания, И. В. Сталин в моем присутствии рассказал В. М. Молотову о состоявшемся разговоре с Г. Трумэном. В. М. Молотов тут же сказал: „Цену себе набивают". Сталин рассмеялся: „Пусть набивают. Надо будет переговорить с Курчатовым об ускорении нашей работы"». 20 августа 1945 года руководство по созданию атомного оружия было возложено на Специальный комитет во главе с наркомом внутренних дел, членом Политбюро Л. П. Берией и научным руководителем академиком И. В. Курчатовым. Деятельность Комитета была столь секретной, что даже упоминание об этом государственном органе было строго запрещено.

Хотя еще в декабре 1944 года был получен первый в СССР слиток чистого металлического урана массой около килограмма, для опытного реактора было необходимо не менее пятидесяти тонн чистого урана, — а его выработка требовала немалого времени. После бомбардировок Хиросимы и Нагасаки, которые были предприняты американцами для демонстрации своего военного превосходства, Советский Союз оказался перед необходимостью форсировать работу по атомному проекту.

Строительство первого в Советском Союзе промышленного комплекса по производству оружейного плутония, впоследствии названного комбинатом «Маяк», началось на Южном Урале между городами Кыштым и Касли в год великой

Победы — в ноябре 1945-го. Ударными темпами рыли котлованы для будущих реакторов и радиохимического завода. В пятнадцати километрах от основного производства в лесу началась стройка химико-металлургического завода. Поселок для его сотрудников возводился, как впоследствии оказалось, с нарушением норм безопасности — всего в тысяче метров от плутониевого цеха. В те годы еще никто толком не знал о том, какую опасность представляет производство плутония для жизни и здоровья людей. Поселку дали имя Татыш — по названию расположенного неподалеку железнодорожного переезда на ветке Челябинск — Свердловск.

Название этого секретного города неоднократно менялось — сначала он носил имя Л. П. Берии, затем именовался «База-10», потом — Челябинск-40 (в просторечии — «Сороковка»), а позднее — Озерск. Горнозаводская промышленность в этом крае начала развиваться во времена Петра Великого, а в 1745 году тульский купец Яков Коробков купил у башкир 250 тысяч десятин земли и заложил Каслинский чугунолитейный и железоделательный завод. Этот завод позднее приобрел Никита Демидов, заложивший рядом еще два производства — Верхне-Кыштымское чугунолитейное и Нижне-Кыштымское железоделательное.

Решением Совета Министров СССР от 21 августа 1947 года вокруг территории предприятия была образована «особорежимная зона», которая включила в себя 99 населенных пунктов, в том числе город Кыштым. Проживающие в этой зоне люди обязаны были иметь паспорта и прописку. Временное проживание здесь запрещалось. Посторонним людям также запрещалось здесь охотиться, заниматься рыбалкой, сбором грибов и ягод. Отдельное постановление августа 1947 года предписывало выселить из «особорежимной зоны» всех неблагонадежных, имевших уголовное прошлое, — всего порядка трех тысяч человек. В 1947 году было начато строительство еще трех атомградов — двух в Свердловской области (Свердловск-44 и Свердловск-45) для промышленного разделения изотопов урана, а одного в Горьковской области — Арзамас-16, предназначенный для изготовления плутониевых и урановых бомб.

Чтобы изготовить начинку для атомной бомбы, были запущены ядерные реакторы и построено современное химическое производство, в результате работы которого не только производился уран и плутоний, но и выделялось огромное количество твердых и жидких радиоактивных отходов, где содержалось большое количество остатков урана, стронция, цезия, плутония и других элементов. Летом 1948 года завершилось строительство первого промышленного реактора, а чуть позднее был сдан в эксплуатацию радиохимический завод по выделению плутония из облученного урана и очистке его от основной массы продуктов деления урана. Инженерный проект реактора создавался под руководством Николая Антоновича Доллежаля, директора Института химического машиностроения. Закладкой урана в реактор руководил лично академик Курчатов.

Еще до ввода в строй реактора было принято решение жидкие радиоактивные отходы сбрасывать в реку Теча. Решить проблему полного обезвреживания радиоактивных растворов, образующихся после выделения плутония, оказалось невозможным... Хотя планировалось сбрасывать отходы порядка 3 кюри в сутки, реально уже в 1949 году начали сливать ежедневно по 70 кюри. По берегам медленной и илистой речки находилось около сорока населенных пунктов, в которых жили в основном русские, башкиры и татары. Река Теча была главным источником водоснабжения местных жителей. Люди продолжали пользоваться водой из реки, не подозревая, что она заражена... Эту мертвую воду пили и использовали в приготовлении пищи, ею поили скот, поливали огороды, в ней купались, ловили рыбу и стирали белье. Не следует думать, что сброс радиоактивных отходов в реку — это только советская практика. Точно так же поступали и в США сотрудники американского аналога «Маяка» — Ханфордского ядерного комплекса, где отходы сливали в реку Колумбию, спровоцировав там экологическую катастрофу.

В 1948 году в закрытую зону начали прибывать первые сотрудники. По распределению на новое производство приезжали молодые инженеры — выпускники Московского, Воронежского, Горьковского, Томского университетов. С военных заводов направлялись рабочие — слесари, токари, электрики. Сотрудников для работы в закрытой промышленной зоне под Челябинском отбирали по анкетным данным режимные отделы вузов и предприятий. Опыта работы с радиоактивными веществами не имел никто из командированных, потому что в вузах тогда еще только начинали обучать студентов по новым специальностям — радиохимии и атомной физике.

Условия жизни в «Сороковке» были на порядок лучше, чем в любом другом советском городе. Проработав здесь два года, человек мог легко купить автомобиль — предмет баснословной роскоши. Качественным и доступным было медицинское обслуживание, в «Сороковке» практически не существовало такого известного каждому советскому гражданину понятия, как дефицит. В здешних магазинах царило изобилие, от которого приходили в неописуемое изумление все приезжавшие в гости родственники жителей закрытого города. Жителей города иногда называли «шоколадниками», ведь шоколад, который можно было легко купить в магазинах Челябинска-40, был своего рода символом сытости и достатка. Один из сотрудников «Маяка» привез в закрытый город своих пожилых родителей. «Сначала они были рады, — рассказывал он, — особенно когда увидели магазины». Из нищей послевоенной деревни они словно попали в предполагаемый коммунизм. Бесперебойно мясо и всевозможные колбасы, почти круглый год яблоки, виноград и овощи, двухметровые осетры на прилавках (их пилили зимой, как бревна), икра черная и красная в бочках — да чего только не было! К тому же заработок хороший. То есть все это по карману. Конечно, они обрадовались. Но ненадолго. Уже месяца через два они заскучали. Вскоре выяснилось, что им сильно мешает зона. «Что это такое — ни к себе гостей пригласить, ни самим никуда не выехать. Нет, сынок, вези-ка ты нас назад, в деревню!»[1]

---

[1] *Губарев В.* Ядерный век. Зеркало Урала. М., 1997. С. 90.

До 1954 года зона оставалась практически изолированной от окружающего мира. Выехать отсюда в отпуск было практически невозможно, сотрудников не отпускали даже на похороны родных и близких... Здесь даже не было органов советской власти — не проводились выборы народных депутатов, а вместо горисполкома существовал политотдел, власть которого оставалась чисто символической. Только в 1954 году впервые прошла первомайская демонстрация. Руководство режимной службы запрещало проведение демонстраций, так как опасалось, что по численности демонстрантов на улицах гипотетический шпион сможет вычислить примерное количество сотрудников секретного предприятия.

Вся полнота власти сосредоточилась в руках директора комбината — генерал-майора Бориса Глебовича Музрукова, бывшего руководителя «Уралмаша». Музрукова лично знал и ценил И. В. Сталин. Когда в октябре 1947 года директора «Уралмаша» Б. Г. Музрукова вызвали для беседы в ЦК КПСС, он и представить не мог, какое неожиданное предложение сделает ему Л. П. Берия. Оказалось, что Политбюро и лично Сталин приняли решение назначить его руководителем создающегося химического комбината под Челябинском. На первый взгляд это казалось странным, ведь Музруков был металлургом и машиностроителем и никогда не работал в химической промышленности... Музруков знал про строительство секретного производства под Челябинском, так как на «Уралмаше» изготавливалась значительная часть оборудования для комбината. Но Борису Глебовичу не было известно, что недавно Лаврентий Павлович лично выезжал под Челябинск, чтобы ускорить строительство. Итогом его командировки стал звонок Сталину. Берия сказал: «Считаю, что нужно снять директора Славского. На его месте должен быть руководитель другого масштаба. Предлагаю назначить директора „Уралмаша" Музрукова». На предложение Берии Сталин ответил короткой фразой: «Готовьте постановление Совета Министров». Берия предложил Музрукову для начала встретиться с руководителем советского атомного проекта

Игорем Васильевичем Курчатовым, который должен был ввести генерала в курс дела. Музруков посетил Курчатова в его лаборатории № 2 на Октябрьском поле, которая еще в военные годы была создана в соответствии с указом Сталина об организации работ по использованию атомной энергии в военных целях. Здесь Музруков окончательно осознал, что ему поручено возглавить, возможно, самое важное производство в стране, от которого зависит безопасность и обороноспособность Советского Союза.

1 декабря 1947 года Б. Г. Музруков был представлен коллективу предприятия. Этот моложавый генерал, которого на «Уралмаше» уважительно называли «Царь Борис», со звездой Героя Социалистического труда на мундире, производил впечатление сильного и обаятельного человека, он умел сразу расположить к себе. И никто не догадывался, что Музруков тяжело болен — уже после войны у него открылся туберкулез, Борис Глебович остался без одного легкого. Но никто никогда не слышал от директора ни одного слова жалобы. Неприязнь к нему испытывал, пожалуй, только бывший директор Ефим Павлович Славский, который был назначен на эту должность лишь в июле 1947 года и не имел возможности достойно проявить себя на посту руководителя.

Именно Б. Г. Музруков «поставил на ноги» первенца атомной промышленности Советского Союза. Он проработал в «Сороковке» до 1953 года, а затем руководил четвертым главком Министерства среднего машиностроения СССР, с 1955 года был директором ядерного центра в Арзамасе-16.

Огромной властью на производстве обладала режимная служба во главе с генерал-лейтенантом Иваном Максимовичем Ткаченко, который подчинялся непосредственно Л. П. Берии.

Разрешение на выезд из зоны давали лично Музруков и Ткаченко. Трудности, связанные с закрытым режимом атомного предприятия, с лихвой компенсировались тем, что здесь не знали ни политических репрессий, ни шпиономании, ни разоблачений «врагов народа». Здесь умели ценить сотрудников, в руках которых находилась безопасность страны.

Одно из основных подразделений производства — химико-металлургический плутониевый цех комбината выглядел как город-сад. На его территории был разбит парк, высажены фруктовые деревья, установлены скульптуры. В цех сотрудники попадали через санпропускник, где они раздевались, оставляли свои вещи в индивидуальных шкафчиках, проходили через душевую и надевали спецодежду. С этой спецодеждой вышел настоящий курьез — ее изготовили на всех одинакового размера, и многие вынуждены были носить ботинки на несколько размеров больше, кто-то «тонул» в огромных комбинезонах, а на ком-то они трещали по швам. Первоначально это вызывало шутки и смех, а потом все просто перестали обращать внимание на внешний вид коллег. Вечером через контрольно-пропускной пункт сотрудникам полагалось проходить совершенно голыми, причем их ежедневно подвергали самому пристальному досмотру. Дежурные по КПП осматривали волосы, заглядывали в рот и даже заставляли обнаженных людей приседать, раздвигая руками ягодицы. Все это делалось, чтобы предотвратить возможное хищение плутония. Также сотрудники обязаны были проходить через рамку дозиметрического контроля. Если на плохо отмытых руках оставались бета- и гамма-активные следы, то человека снова отправляли в душ. Иногда приходилось мыться по два-три раза.

Уже с первых дней работы реактора, которого любовно назвали «Аннушкой», начались серьезные проблемы. С реактором учились работать методом проб и ошибок. Многочасовые остановки реактора, ложное срабатывание системы аварийной защиты стали скорее нормой, чем исключением. Нештатным ситуациям и авариям на «Маяке» был потерян счет, они случались регулярно. Первое ЧП случилось буквально через несколько часов после пуска: началось спекание урановых блоков с графитом. Пока пытались наладить работу реактора, многие сотрудники получили дозу облучения. Все попытки отмыть от радиационной «грязи» линолеум и плитку оказались тщетными, поэтому на пол постелили нержавеющую сталь. Обо всех нештатных ситуациях докладывали лично Л. П. Берии, а иногда он сам звонил и спрашивал про «Аннушку»: «*Дышит или не дышит?*»

После первого перебоя в работе «Аннушки» академик Курчатов глубокой ночью сидел в реакторном зале, рассматривая через лупу извлеченные из зоны реактора блочки, имевшие большую наведенную радиоактивность. За этой работой его и застал Ефим Павлович Славский.

— А почему сигнализация не работает? — удивился Славский.

Оказалось, что световая и звуковая сигнализации были отключены по распоряжению Курчатова. Славский чуть ли не силой вывел Курчатова из реакторного зала, а если бы академик досидел там до утра, то получил бы смертельную дозу. Берии не раз докладывали, что и Курчатов, и Славский постоянно нарушают правила радиационной безопасности, совершенно не заботятся о своем здоровье. Когда об этом стало известно Сталину, он строго приказал следить за Курчатовым, не позволять ему рисковать собой.

22 декабря 1948 года на радиохимический завод поступила первая продукция с атомного реактора. Теперь предстояло из облученного урана выделить плутоний и очистить его от продуктов деления и всех примесей. Но когда получили первый плутониевый раствор, то с удивлением обнаружили, что... плутония в растворе почти нет. Оказалось, он просто осел на стенках сосудов.

К лету 1949 года в секретном городе Арзамасе-16, где был создан первый советский ядерный центр, завершилась отработка элементов конструкции атомной бомбы, а в Челябинске-40 было накоплено необходимое количество металлического плутония. Плутониевый шарик доставили сначала в Арзамас-16, а потом на Семипалатинский полигон. Решение о создании полигона для испытания атомной бомбы было принято Советом Министров СССР в 1947 году, площадку для него выбрали в казахстанских степях в 120 километрах от Семипалатинска. И вот здесь началась подготовка к испытаниям. Установили тридцатиметровую металлическую вышку, на которой должен был находиться заряд. А вокруг этой башни организовали своего рода «зону уничтожения», где предстояло изучить результаты воздействия ударной волны. Был прорыт отрезок тоннеля метро, построены два трехэтажных дома, участок железной дороги с вагонами и цистернами, шоссейная дорога с десятью автомобилями «Победа». К вышке подогнали несколько танков и самолетов, артиллерийские и ракетные установки. В убежищах находились подопытные животные — собаки, овцы, свиньи, крысы и верблюды. На открытом поле разложили продукты питания — консервы, колбасы, шоколад, напитки.

В течение месяца перед испытаниями над Семипалатинским полигоном сохранялась жаркая солнечная погода, а накануне взрыва подул сильный ветер, начал моросить дождь.

В 5 часов 40 минут 29 августа 1949 года установка заряда на башне была завершена. Изначально предполагалось, что наблюдать за взрывом можно будет из обращенных на поле амбразур, но затем из соображений безопасности эти амбразуры засыпали землей. Бронированные двери укрытия были заперты на сейфовые замки. Находившиеся в бункере люди отошли от стен. Диктор начал отсчитывать время: «Осталось десять секунд… Осталось пять секунд… Четыре… Три… Два… Один…». Земля содрогнулась под ногами, раздался невообразимый грохот, от которого, казалось, лопаются барабанные перепонки.

Когда все стихло, руководители испытаний во главе с Берией ринулись из бункера. На месте башни клубился столб пыли и газа. Разрушения от взрыва бомбы, который был равен двадцати тысячам тонн тротила, оказались чудовищными — вместо домов возвышались бесформенные груды обломков, закоптелые танки валялись на боку с оторванными башнями, железнодорожные рельсы были искорежены, а вагоны вдребезги разбиты, от автомобилей остались обгорелые куски металла…

Так на Семипалатинском полигоне в 1949 году был положен конец атомной монополии США. Риск развязывания третьей мировой войны был снижен — у США появился мощный противовес в лице новой ядерной державы. По радиоактивным продуктам взрыва, распространившимся в верхних слоях атмосферы, американцы смогли определить, что на Семипалатинске была взорвана бомба, практически точная копия той, которая была ими сброшена на Хиросиму. С тех пор Семипалатинский полигон стал основным местом испытания ядерного оружия в Советском Союзе. На этом полигоне было произведено 468 ядерных взрывов, включая 125 воздушных и наземных, и только 29 августа 1991 года ядерный полигон был официально закрыт указом президента Казахстана.

По сей день ядерное оружие является военно-техническим гарантом обеспечения национальной безопасности государств. Ядерный статус — это сильнейший аргумент защиты в международной политике, в отстаивании интересов страны в планетарном масштабе… Этот статус современная Россия унаследовала от Советского Союза и, к счастью, его сохранила. А вот, например, получившая независимость Украина от этого статуса добровольно отказалась. С того момента, как страны начали пополнять свой оборонный потенциал ядерным оружием, зазвучали голоса людей, призывавшие к обузданию гонки вооружения. В частности, запретить ядерные испытания призывали премьер-министр Индии Д. Неру, врач-миссионер А. Швейцер, Папа Римский Пий XII… В 1963 году по инициативе Советского Союза был подписан Договор о запрещении воздушных ядерных взрывов, к которому в то время отказались присоединяться Китай и Франция. Договор разрешал проведение только подземных ядерных взрывов, но в 1990 году был введен мораторий на все ядерные взрывы. К 1990 году в мире было проведено в общей сложности 1880 ядерных взрывов в военных целях, в том числе в США — 970 и в СССР — 630.

В октябре 2009 года секретарь Совета безопасности Российской Федерации, бывший директор ФСБ Николай Платонович Патрушев заявил, что новая редакция Российской военной доктрины не исключает превентивных ядерных ударов по агрессору. По его словам, в доктрине предусматриваются возможности применения ядерного оружия в зависимости от условий и намерений вероятного противника. Патрушев считает, что «в критических для национальной безопасности ситуациях не исключается нанесение в том числе упреждающего (превентивного) ядерного удара по агрессору». Этот документ сохраняет за Россией статус ядерной державы, способной осуществить сдерживание противников от агрессии как против России, так и против ее союзников.

Новая эра техногенных катастроф

Аварию на комбинате «Маяк» с полным основанием можно назвать началом новой эры техногенных катастроф. По масштабам бедствия авария оказалась сопоставимой с трагедией Хиросимы и Нагасаки, пережившими ядерный Апокалипсис. Ядерное оружие способно стереть с лица земли города и даже страны. Вооружаясь им, человечество ставит под угрозу собственное существование на земле. У Советского Союза не было выбора — создавать атомную бомбу или нет?.. Страна была втянута в глобальную гонку вооружений. Атомное оружие разрабатывалось в СССР для того, чтобы снизить риск развязывания третьей мировой войны, но никто не думал, какую чудовищную цену придется заплатить советскому народу за создание самого современного и самого разрушительного оружия.

На «Маяке» высокоактивные отходы хранили в специальных емкостях из нержавеющей стали, так называемых «банках», которые находились в подземных бетонных хранилищах — каньонах. «Банки» сильно разогревались из-за активности содержащихся в них радиоактивных материалов, и, чтобы избежать перегрева и взрыва, у каждой «банки» имелись системы охлаждения и контроля за состоянием отходов.

29 сентября 1957 года на одной из «банок» произошла серьезная поломка в системах охлаждения. Работники комбината заметили, что «банка» сильно разогрелась, но не успели сообщить об этом руководству — «банка» взорвалась, и почти все содержимое оказалось выброшено в окружающую среду. Причем при взрыве бетонная плита — перекрытие каньона весом в 160 тонн — была сорвана и отброшена на семь метров. В воздухе оказалось порядка 20 миллионов кюри радиоактивных веществ, которые сильным юго-западным ветром разнесло по территории Челябинской, Свердловской и Тюменской областей.

В этот воскресный солнечный день многие горожане находились на стадионе «Химик», где проходил футбольный матч между командами «Динамо» и «Красная звезда». Далеко не все болельщики обратили внимание на прогремевший в половине пятого взрыв.

На высоту более километра поднялся в небо мерцающий оранжево-красным светом столб дыма. Зарево от взрыва видели даже в Челябинске, приняв его за редкое для этих мест северное сияние.

Очевидец катастрофы, полковник в отставке И. Ф. Серов впоследствии вспоминал: «Я занимал тогда должность начальника химической службы и был в день взрыва дежурным по войсковой части 3445, которая находилась всего в километре от реакторного завода. Около 16 часов 30 минут раздался сильный взрыв. От взрыва вылетели стекла из всех окон казармы, обращенных к фронту ударной волны, были сорваны металлические ворота. Все военнослужащие в первый момент выбежали на улицу, некоторые побежали в оружейный парк за оружием. Часовой, который стоял у въездных ворот, прыгнул в канализационный колодец и занял там оборонительную позицию. Когда один из офицеров крикнул: „Рядовой Петренко, где вы?“, — он вылез из колодца и спросил: „Товарищ старший лейтенант, началась война?“ Офицер ему сказал, чтобы он надевал противогаз и продолжал нести службу. В это время там, где находилось хранилище радиоактивных отходов, поднялся огромный столб пыли...»[1] Понимая, что авария скорее всего связана с радиационными выбросами, И. Ф. Серов приказал всех людей запереть в казармах, срочно заделать выбитые окна, запретить выдачу продуктов из столовой, полить полы водой, чтобы не поднималась пыль. А над казармами уже нависало зловещее черно-серое облако. Казалось, наступили сумерки, смолки голоса птиц... Жуткое впечатление усиливалось внезапным воем сторожевых собак. Примчавшиеся в войсковую часть дозиметристы замерили радиационный фон и заявили, что необходима срочная эвакуация всего личного состава. Но для эвакуации требовалось получить разрешение из Москвы, и на согласование ушло

---

[1] *Новоселов В., Толстиков В.* Тайна «Сороковки». Екатеринбург, 1995. С. 271.

несколько часов. Покидали часть на открытых бортовых машинах и пешим строем. В военном городке всех военнослужащих первым делом отправили в баню, где они несколько часов отмывались горячей водой, потом всем выдали чистое белье и новое обмундирование. Оказалось, что оружие подверглось сильному заражению. С деревянных частей оружия соскабливали стружку, металлические детали драили песком и шкуркой. Служебных собак пришлось пристрелить. Один солдат-конюх пожалел старого коня по кличке Гром, увел его из зараженной части в военный городок, но конь стал болеть, шерсть облезла, и на спине появились язвы. Коня вскоре пришлось забить.

30 сентября на место катастрофы прибыла правительственная комиссия во главе с министром среднего машиностроения СССР Е. П. Славским, одним из первых директоров «Маяка». «Доклад с комбината в Москву был путаный, — вспоминал впоследствии Ефим Павлович. — Мы собрались в министерстве и решили, что, видимо, был атомный взрыв. Надо докладывать правительству. Хрущев в отпуске, его замещал Микоян. Я доложил ему, что произошел атомный взрыв...» Прибыв на место аварии, Е. П. Славский издал приказ: для ликвидации последствий аварии сформировать два отряда военных по 200 человек в каждом. В приказе было оговорено, что все участники операции будут уволены в запас по окончании работ. Определялась также максимальная доза облучения — 25 рентген. Но на практике эта норма не соблюдалась, люди получали гораздо бóльшие дозы... После каждой рабочей смены загрязненную радиацией спецодежду полагалось уничтожать.

Основное «пятно» радиоактивного загрязнения пришлось на территорию самого химкомбината «Маяк».

Оказалось, что радиационное облако прошло и над территорией лагеря. Всех заключенных раздели и долго поливали из пожарной машины.

Сам Челябинск-40 не попал в зону заражения, но радиационная «грязь» проникала в город на колесах машин, ее приносили люди на своей одежде. Пришлось организовать мойку всего автотранспорта. Начался дозиметрический контроль квартир. Выявленные предметы быта, которые «звенели» от радиации, подлежали изъятию и уничтожению. В одной квартире был зафиксирован особенно высокий радиационный фон. Оказалось, что здесь недавно умерли младенец и его мать, а отец ребенка тяжело заболел. Как выяснилось, кроватка, где спал ребенок, была сделана из труб, вынесенных с реакторного завода.

На оцепление зараженной местности бросали целые войсковые части — солдатам не говорили, куда их везут и какую опасную работу им предстоит выполнять, а потом строжайше запрещали рассказывать об этой командировке. Школьников из окрестных деревень посылали закапывать радиоактивный урожай, и многие дети вскоре тяжело заболели. Началось переселение попавших в зараженную зону деревень Сатлыково, Галикаево и Бердяныш. Лаборант-дозиметрист С. Ф. Осотин вспоминал, как происходила эвакуация жителей села Бердяныш, населенного в основном башкирами: «Ребятишки беспечно бегали по селу, веселились. Ильин (второй дозиметрист) подходил к ним с прибором и говорил: „Я прибором могу точно определить, кто из вас больше каши съел“. Ребята с удовольствием подставляли животы. „Поле“ от живота каждого ребенка равнялось 40–50 мкР/с. Помет гусей имел „поле“ 50–70 мкР/с. Очень „грязными“ были коровы. Солдаты загоняли их в силосные ямы и расстреливали, что чрезвычайно угнетающе действовало на людей». Жители села отчаянно сопротивлялись переселению, пытались доказать, что никакой грязи в их домах нет. Многие башкиры вообще не понимали ни слова по-русски.

КАТАСТРОФЫ-БЛИЗНЕЦЫ. По странному стечению обстоятельств всего лишь через неделю после аварии на «Маяке» на атомной электростанции в Уиндскейле (Северо-Западная Англия) во время профилактических работ на одном из реакторов, производящем плутоний для британского ядерного оружия, загорелись три тонны урана. Пожар не удавалось потушить в течение двух дней. Активную зону реактора заливали водой, и вместе с паром в атмосферу поднялись радионуклиды, образовавшие облако, одна часть которого накрыла Норвегию, а вторая — прошла над Европой и достигла Вены. Это была первая серьезная авария в европейской атомной энергетике, но информация о ней, как и о катастрофе на советском «Маяке», была засекречена на тридцать лет.

Так что не только в Советском Союзе существовал запрет на разглашение тайны о ЧП на реакторном и химическом производстве!..

Вообще к 1987 году в мире было зарегистрировано 284 серьезных аварии на АЭС, сопровождавшиеся выбросом радиоактивных веществ. О большинстве из них ничего не было известно.

Расследование обстоятельств катастрофы на «Маяке» показало, что причиной аварии был взрыв сухих солей нитрата и ацетата натрия, которые образовались в результате выпаривания растворов из-за их саморазогрева под действием радиогенного тепла при нарушении условия водоохлаждения «банки». Само это хранилище, где произошел взрыв, было построено в 1953 году, но за четыре года его оборудование — приборы, заимствованные из химической промышленности, — практически пришло в негодность из-за агрессивных условий радиохимического производства.

1 ноября 1957 года директор химкомбината М. А. Демьянович был снят с должности с казенной бюрократической формулировкой «за ослабление производственной дисциплины». Проверка выявила около тридцати производственных и технологических нарушений.

В 1959 году правительство Советского Союза приняло решение объявить зараженные территории санитарно-защитной зоной. Земли этой зоны были признаны непригодными для ведения сельского хозяйства, здесь было запрещено охотиться, собирать грибы и ягоды, рубить лес, косить сено и пасти скот. В 1968 году на этой территории создается Восточно-Уральский государственный заповедник.

Западная разведка узнала о техногенной катастрофе, происшедшей в закрытом советском городе. Но в сообщениях западной прессы содержалась неточная информация о том, что авария произошла в марте 1958 года во время ядерных испытаний. Спустя почти двадцать лет со дня уральской трагедии лишенный советского гражданства диссидент, писатель и ученый-биолог Жорес Медведев, рассказал об этой аварии на страницах английского журнала «Нью Сайентист». Эта публикация стала своего рода «взрывом» — информационной бомбой для западного общества, и без того напуганного исходящей от Советского Союза атомной угрозой. В 1979 году в США вышла книга Медведева «Ядерная катастрофа на Урале», в которой рассказывалось о катастрофе на комбинате «Маяк». Но американские специалисты-атомщики продолжали утверждать, что, скорее всего, на Урале имел место не взрыв хранилища радиоактивных элементов, а испытания ядерного оружия, в результате которых радиоактивное облако накрыло территорию Урала.

А в самом Советском Союзе факт взрыва на химкомбинате «Маяк» впервые официально подтвердили лишь в «перестроечные» времена — в июле 1989 года на сессии Верховного Совета СССР, когда стало возможным говорить о тайных страницах недавнего прошлого. То есть информация о Кыштымской аварии появилась на несколько лет позже Чернобыльской катастрофы.

Советским людям было от чего прийти в ужас и изумление!.. Оказывается, они всю жизнь прожили в гигантской «радиационной зоне».

Под саркофагом тайны

Когда мы говорим о чрезвычайном происшествии на комбинате «Маяк», следует иметь в виду, что случившаяся здесь в 1957 году авария, в результате которой получили большие дозы облучения не менее ста двадцати тысяч человек, — это лишь часть растянутой во времени катастрофы. В те годы о смертоносном воздействии на человека и окружающую среду радиоактивных веществ ученые имели весьма смутное представление. Никакой защиты от радиоактивного облучения предусмотрено не было. И в 1949 году на реакторном производстве и на радиохимическом заводе были отмечены первые случаи лучевой болезни. Люди подвергались не только внешнему, но и внутреннему облучению — из-за попадания альфа-активных аэрозолей в органы дыхания. Но врачи боялись ставить им точный диагноз и писали в историях болезни нечто расплывчатое — «анемия» или «профинтоксикация». Если обследование выявляло у сотрудников «Маяка» признаки хронической лучевой болезни, работник переводился в «чистые» условия труда, не связанные с радиацией. Врачи, наблюдавшие людей с хронической лучевой болезнью, ожидали, что у пациентов будут осложнения прежде всего в виде лейкозов, но у сотрудников вредного производства проявилось новое профессиональное заболевание — плутониевый пневмосклероз. Содержание плутония в организмах заболевших этой болезнью более чем в сто раз превышало допустимую дозу. Один из руководителей «Маяка», Б. В. Брохович, вспоминал: «Никто не знал допустимого предела облучения и последствий внутреннего попадания радионуклидов, поэтому боязни не было — и даже было чувство „стадности", — когда многие облучались за компанию...» Мы никогда не узнаем точного количества пострадавших от «вредных условий» реакторного и радиохимического производства, а тем более никогда не сможем подсчитать, сколько жертв у спровоцированной этими «вредными условиями» экологической катастрофы. Впоследствии техник-химик Вергилия Владимировна Ваверова в стихотворной форме описала условия жизни и труда в атомной зоне:

Мы пришли в тот город на нелегкий труд,
Здесь заслон Отчизне сверстники куют.
Кажется, недавно кончилась война,
Но защиту снова требует страна.

Плачет Хиросима, смертию объят.
Мы с тобой обязаны защитить их, брат.
Нам судьбою выпало — жить или умереть,
Но страну родную от огня сберечь.

И ряды редели, словно от огня.
Падает подруга, славная моя.
Покорили атом, многих нет теперь!
Открывай, товарищ, им в бессмертье дверь!

Радиоактивное загрязнение реки Течи официально было признано в июле 1949 года, но лишь в мае 1951 года появились первые — естественно, секретные! — инструкции о запрете пользоваться речной водой. Ничего удивительного в такой двухлетней задержке не было, ведь инструкции принимались чисто формально, с их исполнением не спешили, а о здоровье людей никто всерьез не задумывался. И конечно, жители близлежащих сел не могли понять, почему они стали чаще болеть, ведь им никто не сообщил, что их река уже давно официально признана зараженной. Дозиметрический контроль, проведенный в 1951 году, показал, что повышенный радиационный фон в домах теченцев имели практически все предметы быта, «звенели» полы и стены, мебель и посуда, огромное скопление радиоактивных продуктов было обнаружено в самоварах и чайниках. Проведенные тогда же медицинские осмотры жителей окрестных деревень выявили у них признаки, характерные для хронической лучевой болезни, выражавшиеся в поражениях кровеносной системы, в снижении иммунитета. Все это означало, что заражение реки Течи приняло необратимый характер — катастрофа, растянутая во времени, стала страшной реальностью: река погублена, люди стали инвалидами.

Впрочем, абсолютную секретность вокруг теченской трагедии сохранить не удалось, о заражении реки ходили слухи. Впоследствии жительница села Нижнепетропавловского вспоминала: «Мы жили на берегу Течи. Я мыла картошку в реке. Мимо шел незнакомый мужчина. Он крикнул: „Девочка, что ты делаешь в воде? Ведь она заразная. Не подходи и близко к реке!“[1] Догадываясь или зная о заражении, люди тем не менее продолжали пользоваться мертвой течинской

[1] *Комарова Г. А.* Предтеча Чернобыля. М., 2002. С.77.

водой. О том, что такое радиация, в те годы никто толком не знал, и в реальность невидимого для глаз смертоносного излучения верилось слабо.

В 1954–1955 годах в пойме реки Течи была образована «запретная зона»: поставлены столбы, повешены грозные предупреждающие знаки, охранять зараженную территорию поставили сторожей. Но сторожа были из местных жителей, они и сами толком не могли понять, какая беда стряслась с их любимой рекой… Одна из жительниц тех мест рассказывала: «Моя мама полоскала белье на реке. К ней подошел охранник Кузнецов и сказал: „Нельзя пользоваться водой Течи". — „А почему?" — „Не знаю". — «Но больше-то негде полоскать белье». — „Ладно, тогда делай это утром, чтобы никто не видел"».

Позднее охрану «запретной зоны» ужесточили. Выставили милицейские посты, которые днем и ночью следили, чтобы никто не прорвался к Течи. Жительница села Муслюмово Гульфира Шайдулловна Хаятова вспоминает: «Первое воспоминание из детства, связанное с рекой, — это колючая проволока. Реку мы видели через нее… Мои родители старались не пускать нас на речку, не объясняя почему, видимо, сами не знали… <…> Родители говорили, что река „атомная", позднее, когда начала изучать физику, поняла, что такое атом… Родители редко говорили про аварию в 1957 году, а если говорили, то шепотом. Мама как-то рассказывала, что с 1949 года вода в реке испортилась…»[1]

6 января 1953 года Совет Министров СССР принял секретное постановление о запрете пользования водой Течи на всем протяжении речного русла. Но лишь спустя без малого год, 20 ноября 1953 года, Челябинский облисполком издал также секретное распоряжение, которое так и не было обнародовано. Специальная комиссия, командированная из Челябинска, провела собрания в теченских селах, а от глав семейств взяли подписку о том, что они обязуются не пользоваться водой за-

[1] *Байрамова Ф.* Ядерный архипелаг, или Атомный геноцид против татар. Казань, 2005. С. 31–32.

раженной реки. Но строгости эти были опять-таки формальными, и там, где сохранялся доступ в «запретную зону», люди продолжали ходить к Тече. Причем водой пользовалось даже местное начальство.

Древнее село Муслюмово на берегу Течи, расположенное всего в тридцати километрах от «Маяка», решено было переселить еще в 1957 году, но переселение обернулось профанацией: несколько домов просто перенесли с одного берега реки на другой. Фаузия Байрамова в книге «Ядерный архипелаг» пишет: «Сегодня в селе Муслюмово каждый четвертый ребенок — мутант, то есть генетически искалечен. Каждый пятый ребенок страдает болезнями сердца или дыхательных путей. Каждый шестой ребенок страдает болезнями желудочно-кишечного тракта. 70 процентов школьников имеют дефекты умственного развития… В селе Муслюмово средняя продолжительность жизни 40–45 лет. Заболеваемость раком здесь превышает средние показатели других регионов на 17–23 процента. В этом регионе количество больных лейкемией (раком крови) на душу населения на втором месте после Хиросимы и Нагасаки! <…> Начиная с 1960 года по сей день здесь бушует настоящая эпидемия рака»[1]. За прошедшие со дня аварии на «Маяке» десятилетия в жизни села Муслюмово ничего не изменилось, сельчане продолжают жить и умирать на ядерной помойке. В 1991 году накануне выборов президента России здесь побывал Борис Ельцин. Некоторые экологи сегодня высказывают мнение, что Муслюмово стало местом проведения медицинского эксперимента. Людей ежегодно обследуют, но, как правило, никуда не отправляют на лечение. Бассейн реки Течи является единственным регионом в мире, где у жителей отмечена так называемая «хроническая лучевая болезнь». Что и говорить, материал для медицины уникальный…

Озеро Карачай было расположено недалеко от радиохимического завода, и с октября 1951 года оно использовалось как

[1] *Байрамова Ф.* Ядерный архипелаг, или Атомный геноцид против татар. Казань, 2005. С. 31–32.

хранилище радиоактивных отходов. Когда в середине 60-х годов озеро начало мелеть, ветер с оголившихся участков дна начал сдувать ил, песок и глину вместе с активными радионуклидами. Тогда было принято решение смертоносное озеро засыпать, однако работы здесь начались лишь в 80-е годы.

Трагическая история населенных пунктов по берегам реки Течи — один из многочисленных примеров принесения человеческих жизней в жертву во имя технического прогресса и укрепления обороноспособности государства. Подобными примерами так богата российская история…

Жернова прогресса безжалостно перемололи «человеческий материал».

Все началось с «объекта № 627»

О, если бы мог туда заглянуть, назвал кочегарку бы адом!

Русская народная песня

Впервые в Советском Союзе идея строительства атомной подводной лодки была высказана в 1948 году учеными-атомщиками Игорем Васильевичем Курчатовым и Николаем Антоновичем Доллежалем. Но правительственный куратор «атомного проекта» Л. П. Берия полагал, что изготовление атомной бомбы — более насущная задача, чем создание атомного флота.

В сентябре 1952 года И. В. Сталин подписал приказ о создании Научно-исследовательского и конструкторского института энергетической техники, перед которым поставили задачу разработки первой атомной субмарины, получившей наименование «объект 627». Научным руководителем программ стал Анатолий Петрович Александров, впоследствии президент Академии наук СССР. Главным конструктором атомной установки был назначен Н. А. Доллежаль.

В городе Обнинске, где была построена первая в мире атомная станция, был создан учебный центр для подготовки будущих экипажей атомоходов. Здесь проходил подготовку экипаж первой советской подводной лодки К-3 («Ленинский комсомол»), которая вступила в строй в декабре 1958 года. У первенца советского атомного подводного флота была долгая и яркая судьба. Совершив исторический поход подо льдами Северного Ледовитого океана, ее экипаж водрузил флаг СССР недалеко от полюса во льдах Центральной Арктики и отметил это событие игрой на льду в футбол.

С этой лодкой связана и первая в истории отечественного атомного флота авария. Ночью 8 сентября 1967 года на субмарине, находящейся в Норвежском море в 1700 милях от базы, в первом отсеке начался пожар. Причиной возгорания стало скопление паров гидравлики, вызванное протечками в гидравлической системе. По инструкции, находящиеся в отсеке подводники должны были задраить люки и самостоятельно бороться с огнем, чтобы он не распространился в другие отсеки. Но когда люди, обезумев от боли, попытались выбежать, командир второго отсека задраил люк и лег на него спиной. В огне погибло 39 человек. Ценой их жизней лодка была спасена. Командир субмарины Юрий Степанов дал команду на экстренное всплытие. После всплытия были провентилированы третий и четвертый отсеки пуском дизель-генераторов, и в надводном положении, с работающим ядерным реактором, загерметизированными первым и вторым отсеками четверо суток «Ленинский комсомол» шел на базу, неся в выгоревших отсеках страшный груз — 39 обугленных трупов... Несмотря на пожар, реактор субмарины, к счастью, не пострадал. Из состава вооруженных сил лодка была выведена только в 1991 году.

В 1957 году был спущен на воду первый в мире атомный ледокол «Ленин», а в это время в США строился их первенец под названием «Саванна». К 1970-м годам 41 американской атомной лодке противостояли 20 советских атомных субмарин.

За все время существования атомных подводных лодок с ними произошло около 200 серьезных аварий, в которых погибло около 500 подводников. Многие из аварий были связаны с радиационным облучением экипажа. Вообще специалисты отмечают, что большинство аварий, происходивших на атомном подводном флоте, были достаточно традиционны — подобные же ЧП ранее имели место и на дизельных субмаринах. Однако появилась и новая «атомная» специфика. Только в период с 1970 по 1990 год на атомных подводных лодках было зафиксировано 338 различных протечек и выбросов с повышением радиационной активности.

Например, в июле 1961 года во время учений «Полярный круг» атомная подводная лодка К-19, вооруженная баллистическими ракетами, следовала к месту пуска ракет, когда внезапно была замечена течь импульсной трубки системы первого контура реактора левого борта. Эта неисправность грозила взрывом реактора. Несколько членов экипажа смогли смонтировать нештатную систему охлаждения, предотвратив взрыв. После этого 14 подводников умерло от лучевой болезни, а саму лодку на Северном флоте стали называть «Хиросима».

В феврале 1965 года на заводе «Звездочка» в Северодвинске крышку реактора лодки К-11 начали поднимать с грубейшими нарушениями инструкции, из-за чего реактор стал самопроизвольно разгоняться и из-под крышки повалили клубы радиоактивного пара. В эту минуту приборы радиоактивного контроля буквально зашкалили. Люди в ужасе разбежались, а специалисты несколько дней пытались решить, что делать дальше. С упорством, достойным лучшего применения, начали опять поднимать крышку, и опять с нарушениями инструкции. Тогда под крышкой словно бы сверкнула молния, испуганный крановщик бросил пульт управления, и крышка грохнулась с перекосом на реактор. Начался пожар, сопровождавшийся радиоактивными выбросами. Зараженной оказалась территория завода «Звездочка», несколько человек получили серьезные «дозы». Реакторный отсек заливали забортной водой, из-за чего радиоактивность была разнесена по другим отсекам лодки. В итоге ядерный отсек пришлось вырезать и установить новый.

Лодка К-27 в мае 1968 года осуществляла патрулирование в открытом океане, когда началось расплавление активной зоны реактора левого борта. Температура там превысила тысячу градусов. Все 124 члена экипажа получили серьезные дозы облучения, девять человек погибло, а саму лодку по возвращении на базу вывели из эксплуатации.

В 1980 году на северодвинском заводе «Севмаш» во время перегрузки ядерного топлива в активной зоне реактора лодки К-162 в реактор случайно были уронены посторонние предметы, из-за чего ремонт затянулся на несколько месяцев. Затем случилось новое ЧП — персонал завода допустил грубейшие ошибки при подключении электропитания двигателей, управляющих компенсирующими решетками. Из-за этого две периферийные решетки из трех оказались выведенными из активной зоны, что вызвало самопроизвольный разгон реактора. Персонал при этих авариях, скорее всего, получил «дозы», но официально это так и не было признано никогда.

Тепловой взрыв реактора, опять-таки из-за ошибок персонала, произошел в 1985 году на Чажминском судоремонтном заводе Тихоокеанского флота. Из-за неверных действий при перезарядке активной зоны реактора лодки К-431 началась самопроизвольная цепная реакция, приведшая к взрыву и выбросу ядерного топлива. Радиоактивное облако лишь немного не дошло до Владивостока. Около двухсот сотрудников Чажминского завода получили «дозы», и с них взяли подписку о неразглашении государственной тайны. Останки погибших спешно захоронили в шурфах, а лодку отбуксировали на соседнюю отмель. Лесные районы, над которыми прошло радиоактивное облако, обнесли колючей проволокой.

В первые годы эксплуатации атомных подводных лодок в СССР уровень их аварийности был очень высоким, но, как правило, обходилось без больших трагедий, связанных с человеческими жертвами. Самая крупная катастрофа произошла в 1970 году с лодкой К-8. Это «несчастливая» субмарина вступила в состав Военно-морского флота СССР в 1959 году, а уже на следующий год на ее борту случилась серьезная авария… Как впоследствии вспоминал командир дивизиона К-8 контр-адмирал Л. Б. Никитин, в это время «лодка готовилась к подводному плаванию, отрабатывая в полигонах боевой подготовки отдельные элементы управления, специфические для плавания в Арктике». 13 сентября Л. Б. Никитин отмечал свой день рождения: «Как раз при вручении мне командиром праздничного торта в кают-компании из центрального поста прозвучала команда, вызывающая меня в турбинный отсек. Пробегая через центральный пост, узнал от вахтенного инженера-механика А. Н. Татаринова о большой потере запаса питьевой воды. В турбинном отсеке, оценив обстановку, я со старшиной 1-й статьи Т. Г. Шевченко приступил к ликвидации аварии. Работа подходила к концу, когда, находясь глубоко в трюме среди работающих механизмов, мы поняли, что наверху что-то случилось — по беготне и большому количеству команд по боевой трансляции. <...> Из пульта управления ГЭУ стали поступать команды, связанные с выводом обоих реакторов и турбин из действия, что мне и пришлось выполнить. Объясняясь с пультом управления ГЭУ, я с ужасом обнаружил значительное изменение условий прохождения звука в отсеке и догадался, что это связано с выходом в турбинный отсек вместе с паром второго контура газа из компенсаторов объема первого контура... Очевидно, произошел разрыв парогенератора. <...> Как потом выяснилось, в штатном трубопроводе оказалась заглушка, поставленная туда при строительстве корабля... Меня к этому времени вывели в центральный пост. Концевые отсеки интенсивно вентилировали в связи с большой радиационной загрязненностью». У экипажа мгновенно начали проявляться признаки радиационного заражения — головная боль и рвота. Контр-адмирал Л. Б. Никитин тоже получил «дозу» как своеобразный горький подарок к своему дню рождения: «...нас на контрольно-дозиметрическом пункте отмывали около трех часов. В результате такой „отмывки“ у меня на спине почти не осталось кожи. На другой день прибывший из Москвы специалист по радиационной медицине отобрал по внешним признакам группу из 13 человек, в которую вошел и я. Нас отправили в Полярный, в госпиталь, где спешно открыли специальное отделение». Здесь, как свидетельствует Никитин, моряки К-8 «...прошли скорее обследование, чем лечение. Никаких отметок в медицинских книжках, кроме регистрации, у нас не было... Нам лишь сообщили, что мы получили по 180–200 бэр, но это не очень много, и обнадежили: все пройдет».

Всего десять лет жизни было отпущено этой лодке, послужной список которой начался с радиационной аварии. В 1970 году К-8 была направлена в район Северной Атлантики для участия в учениях «Океан-70», в которых были задействованы подразделения всех флотов Советского Союза. Окончание учений решили приурочить к столетию В. И. Ленина — 22 апреля 1970 года. Вечером 8 апреля, когда находившаяся севернее Азорских островов лодка начала всплытие для сеанса связи, в рубке гидроакустиков начался пожар. Одновременно в седьмом отсеке началось горение регенерации, пожар начал распространяться по воздуховодам. На боевом посту погиб весь состав первой смены главной энергетической установки, успев перед смертью наглухо задраить люки и заглушить ядерные реакторы. Ценой своей жизни экипаж предотвратил взрыв реактора. Указом Президиума Верховного Совета СССР года за мужество и отвагу, проявленные при выполнении воинского долга, капитану 2 ранга Всеволоду Борисовичу Бессонову было посмертно присвоено звание Героя Советского Союза.

Потопленный флагман

Тридцать с лишним лет в России не говорили и не писали о трагедии, которая произошла ночью 29 октября 1955 года в Севастопольском военном порту.

Судно под названием «Джулио Чезаре» («Юлий Цезарь») было заложено в Генуе в 1911 году. Перед Первой мировой войной корабль был существенно модернизирован — на нем установили современное артиллерийское вооружение и бронирование палуб, удлинили носовую оконечность. Во время Великой Отечественной войны в 1943 году Италия капитулировала, и «Джулио Чезаре», чей экипаж был сокращен до минимума, несколько лет находился на стоянке. В 1949 году линкор был передан Советскому Союзу по соглашению о разделе военно-морского флота Италии между странами антигитлеровской коалиции. При этом разделе СССР претендовал на принадлежавшие Италии новые линкоры, но, поскольку между странами антигитлеровской коалиции уже назрели противоречия, приведшие к холодной войне, бывшие союзники боялись усилить Военно-Морской флот Советского Союза современными кораблями. Поэтому СССР получил далеко не первоклассные корабли, среди которых и был «Джулио Чезаре», переданный Советскому Союзу в запущенном состоянии и с проржавевшими переборками. На Черноморском флоте кораблю присвоили имя «Новороссийск». За шесть лет плавания под советским флагом пожилой линкор восемь раз вставал на ремонт. Правда, на нем установили новые радиолокационные станции, средства радиосвязи и внутрикорабельной связи. Итальянские турбины были заменены на новые отечественные — харьковского производства.

На момент взрыва линкору исполнилось 44 года, — а это уже почтенный возраст для судна.

Около 17 часов 28 октября 1955 года линкор «Новороссийск» ошвартовался на двух бочках в Севастопольской бухте напротив военно-морского госпиталя. Глубина в этом месте составляет порядка 18 метров. По штатному расписанию на линкоре находились 68 офицеров, 243 старшины и 1231 матрос. После того как «Новороссийск» ошвартовался в Севастопольской бухте, часть экипажа уехала в увольнение, а на борту оставались более полутора тысяч человек, включая молодое пополнение — 200 человек курсантов морских училищ и солдат, накануне прибывших на линкор.

В 1 час 30 минут на линкоре прогремел глухой взрыв, и дежурный офицер немедленно доложил в штаб Черноморского флота, что на борту линкора взорвался бензин. Поскольку случившееся могло быть оценено как «бытовое ЧП», никто не стал объявлять тревогу по главной базе. Однако в образовавшуюся пробоину хлынула вода, и носовая часть судна начала погружаться в воду... На борт прибыл командующий флотом В. А. Пархоменко, а с ним — целая свита адмиралов и офицеров. Несмотря на присутствие множества начальников, никто не решался брать руководство спасательной операцией в свои руки, возникла паника и неразбериха, время для спасения корабля было упущено. Например, так и не была отдана команда запустить паросиловую двигательную установку и перевести линкор в более мелкое место. Несмотря на усилия экипажа и прибывших на линкор аварийных команд с других кораблей, остановить распространение воды по броневой палубе не удалось, и линкор, освещенный лучами прожекторов соседних кораблей, стал быстро погружаться под воду. Через 2 часа 45 минут он повалился на борт и опрокинулся вверх килем. В воде оказался даже сам командующий флотом Пархоменко, которому помогали удержаться на плаву офицеры и матросы.

Окончательно погубила судно бездарно проведенная спасательная операции, хотя правильнее будет сказать, что никакой спасательной операции не было вовсе... Своевременной эвакуации экипажа не было организовано, морякам даже не дали команды надеть спасательные пояса. Когда уже стало ясно, что «Новороссийск» не спасти, в нижних отсеках линкора все еще находились люди. Когда корабль перевернулся, задыхающиеся в его чреве моряки сигнализировали, барабаня железными предметами по металлическим стенкам. Некоторые свидетели катастрофы впоследствии рассказывали, что явственно слышали, что погибающие члены экипажа «Новороссийска» в последние минуты жизни пели «Врагу не сдается наш гордый „Варяг"». Но, в отличие от экипажа легендарного «Варяга», моряки «Новороссийска» погибали не в бою, а в первую очередь — в результате преступного головотяпства командования. Всего при катастрофе погибло более 600 человек.

Созданную правительственную комиссию возглавил заместитель председателя Совета Министров СССР Вячеслав Александрович Малышев, который еще в свое время, познакомившись с чертежами «Джулио Чезаре», рекомендовал руководству ВМФ СССР отказаться от этого приобретения, но тогда Сталин все-таки решил взять итальянский линкор. Малышев прекрасно знал о конструктивных недостатках старого линкора и, надо полагать, ничуть не удивился, что судно так быстро пошло ко дну. Комиссия прибыла в Севастополь вечером 29 октября.

Причиной катастрофы был назван внешний подводный взрыв (заряда с тротиловым эквивалентом порядка 1000–1200 килограммов). Официальная комиссия склонилась к версии взрыва немецкой магнитной мины, которая оставалась на грунте со времен Великой Отечественной войны. В пользу этой версии говорило то обстоятельство, что в течение двух лет после гибели «Новороссийска» в Севастопольской бухте обнаружили 19 немецких донных мин, в том числе три — на расстоянии менее пятидесяти метров от места гибели судна. Однако многие специалисты скептически отнеслись к «минной версии», решив, что она только маскирует некоторые факты, которые прекрасно были известны членам официальной комиссии.

Отрабатывалась также версия о торпедировании «Новороссийска» неизвестной субмариной. Однако, оценивая характер повреждений, комиссия не обнаружила характерных примет, которые свидетельствовали бы об ударе торпеды по корпусу. Кроме того, для торпедной атаки подводной лодке не хватило бы глубины бухты. Тогда возникало еще одно предположение: *а не замешаны ли во взрыве диверсанты?*

Капитан второго ранга Октябрь Бар-Бирюков, который в 1949 году начинал свою флотскую службу на «Новороссийске», долгие годы посвятил изучению причин и обстоятельств катастрофы линкора. Он убежден, что взрыв с правого борта, который пробил вертикальный канал через восемь палуб, был произведен людьми, досконально знавшими конструкцию и расположение помещений линкора. А кто мог так хорошо знать конструкцию линкора?

В тот момент невольно пришлось вспомнить, что, прежде чем встать под советский флаг, линкор был итальянским кораблем. А именно Италия во время Великой Отечественной войны располагала самым мобильным и боеспособным «*подводным спецназом*» — десятой штурмовой флотилией, на счету которой было два потопленных линкора, два крейсера, один эскадренный миноносец и множество торговых судов. Командовал этим элитным военно-морским соединением, которое использовалось для проведения различных диверсионных операций, князь Джунио Валерио Боргезе, который, согласно одной легенде, публично поклялся отомстить Советскому Союзу за захват итальянского судна. Во время Великой Отечественной войны десятая штурмовая флотилия Боргезе принимала участие в осаде Севастополя, базируясь в портах Крыма, а значит, прекрасно ориентировалась в том числе и в той бухте, где стоял линкор. По некоторым данным, флотилия после войны превратилась в призрак, то есть стала вести подпольную деятельность. Когда погиб «Новороссийск», многие вспомнили о первоклассных итальянских аквалангистах, которые могли осуществить эту диверсию уже в мирные годы, исполняя завет легендарного Джунио Боргезе. Наверное, только этим профессионалам высочайшего класса было по плечу заминировать иностранный корабль в охраняемой гавани.

Неужели Хрущев принес линкор «Новороссийск» в жертву?

Чрезвычайно странным является то обстоятельство, что в момент взрыва корабли дивизии охраны водного района, чьей обязанностью было охранять вход в главную базу Черноморского флота, находились далеко от этого места. Получается, что в ночь катастрофы внешний рейд вообще никем не охранялся — сетевые ворота были распахнуты, шумопеленгаторы бездействовали. Теоретически любая иностранная подводная лодка могла войти в бухту. А Севастополь был совершенно беззащитным...

Нужно быть слепым, чтобы не видеть тут либо преступную небрежность, либо сознательный умысел.

В 2005 году на страницах «Независимого военного обозрения» кандидат технических наук Олег Леонидович Сергеев высказал новую версию гибели линкора. Немецкие мины, указывает Сергеев, к 1955 году уже были не в состоянии взрываться из-за длительного нахождения в воде. Вызывает вопросы и отсутствие на борту в момент взрыва большинства строевых офицеров, включая командира корабля. Они будто бы знали о предстоящем взрыве и своевременно покинули судно. Олег Сергеев утверждает, что подрыв «Новороссийска» — дело рук советских спецслужб, которые якобы выполняли задачу по дискредитации неугодного руководству страны главкома ВМФ Николая Герасимовича Кузнецова. Всем было очевидно, что потеря этого старого судна не нанесет большого урона обороноспособности страны. Жертвуя «малым», Хрущев надеялся на решение важных государственных задач. «Новороссийск» был подорван двумя зарядами, установленными на грунте в районе носовых артпогребов, на незначительном расстоянии от диаметральной плоскости корабля и друг от друга. Взрывы произошли с коротким временным интервалом, обусловившим создание кумулятивного эффекта и нанесение повреждений, в результате которых корабль затонул. «Кому была нужна и против кого была направлена эта грандиозная провокация? — пишет Олег Сергеев. — На этот вопрос ровно через два года после гибели „Новороссийска", 29 октября 1957 года, на пленуме ЦК КПСС ответил Никита Хрущев: „Нам предложили вложить во флот более 100 миллиардов рублей и строить старые катера и эсминцы, вооруженные классической артиллерией. Мы провели большую борьбу, сняли Кузнецова… думать, заботиться о флоте, об обороне он оказался неспособным. Нужно все оценивать по-новому. Надо строить флот, но прежде всего строить подводный флот, вооруженный ракетами". Десятилетний план судостроения, не отражающий в перспективе приоритет развития наиболее капиталоемких и выгодных для ВПК морских стратегических ядерных сил, объективно не мог поддерживаться военно-политическим руководством страны, что и решило судьбу главкома ВМФ Николая Кузнецова. Вспомним: в политике главным оружием дискредитации оппонентов всегда был, есть и будет показ ущербности отстаиваемых ими взглядов, для чего не грех в случае чего принести в жертву жизнь невинных людей. Основанием для снятия главнокомандующего с должности могло стать масштабное чрезвычайное происшествие. Последовавшая после гибели „Новороссийска" отставка Кузнецова (8 декабря 1955 года) и назначение главкомом ВМФ Сергея Горшкова открыло пути сокращению корабельного состава и авиации ВМФ, разделке на металлолом недостроенных кораблей»[1].

Гибель «Новороссийска» послужила поводом для масштабного сокращения Военно-Морского флота Советского Союза. На металлолом были отправлены устаревшие линкоры «Севастополь» и «Октябрьская революция», крейсера «Керчь» и «Адмирал Макаров», а также множество трофейных подлодок и эсминцев.

---

[1] *Сергеев О.* Зачем взорвали «Новороссийск»? Гибель линкора была нужна руководству СССР // Независимое военное обозрение. 2005. 28 окт.

Черный день советских ракетчиков

…При слове «Байконур»
Планета смотрит вверх!
Роберт Рождественский

В день 24 октября ни на одном российском полигоне никогда не производят испытания и запуски ракетно-космической техники.

Причины этого странного, похожего на суеверие запрета долгое время держались в тайне… И только в 1990-е годы стало известно, что этот день стал черной датой в истории российской ракетной техники. Именно в этот день мы отмечаем годовщину гибели первого главкома Ракетных войск стратегического назначения маршала Митрофана Ивановича Неделина.

В октябре 1960 года на Генеральной Ассамблее ООН Никита Хрущев произнес ставшую исторической фразу: «Вы хотите втянуть нас в состязание. Мы не боимся этого, но мы этого не хотим. Вот недавно я был на одном предприятии. Там ракеты делают, как сосиски». На самом деле в СССР еще не было ракет, способных донести до Америки ядерный заряд. Их еще не делали *«как сосиски»*, а только разрабатывали, в то время, когда у американцев было уже сорок баллистических ракет, которые могли поразить цели на территории Советского Союза.

Но, произнося эту громкую фразу, Никита Хрущев помнил, что уже на будущий октябрь назначены испытания первой межконтинентальной баллистической ракеты, которая легко доставала до цели на территории США. Вот поэтому Никита Сергеевич, как говорится, в карман за словом не полез…

Еще 13 мая 1959 года совместным постановлением ЦК КПСС и Правительства СССР конструкторскому бюро «Южное» академика Михаила Кузьмича Янгеля поручили разработать межконтинентальную ракету дальностью полета тринадцать тысяч километров, которая впоследствии получила обозначение Р-16.

Разработку межконтинентальной ракеты курировал маршал Неделин. Герой Советского Союза Митрофан Иванович Неделин был выдающимся военачальником, участвовал в войне в Испании, в годы Великой Отечественной командовал артиллерией ряда армий, а с июля 1943 года — артиллерией фронта. После войны Неделин принимал активное участие в развитии и модернизации советской артиллерии, в разработке ракетно-ядерного оружия. Регулярно Неделин делал доклады И. В. Сталину о ходе реализации ракетного проекта. В середине 1950-х годов Советский Союз располагал ракетами средней дальности, которые обладали ограниченным радиусом действия, а потому не могли полностью гарантировать безопасность страны. В конце 1950-х годов Неделин выступил с инициативой создания самостоятельного вида Вооруженных сил — Ракетных войск стратегического назначения (РВСН). Никита Сергеевич Хрущев, предлагая утвердить Неделина главнокомандующим РВСН, говорил: «Митрофан Иванович по своей подготовленности и характеру как нельзя лучше подходит именно для главкома РВСН. Это идеальный руководитель для нового, весьма специфического вида оружия. Его широкий кругозор, разносторонний опыт и государственный подход к решению крупномасштабных проблем помогут быстрее создать ракетно-ядерный щит Родины. Это выдающийся военачальник. Мы верим в его способности».

Первая летная ракета Р-16 прибыла на полигон Тюра-Там, впоследствии названный Байконуром, в сентябре 1960 года.

В это же время Совет Министров СССР утвердил состав государственной комиссии по проведению ее испытаний во главе с М. И. Неделиным. Техническим руководителем испытаний назначили М. К. Янгеля. 21 октября ракету установили на пусковое устройство, и началась ее предстартовая подготовка. Как вспоминают ветераны Байконура, «...удивительное зрелище представляла ракета на пусковом устройстве: бескрайняя и безлюдная степь, ощетинившаяся кочкарником, ползучими кустами верблюжьей колючки и „шарами“ перекати-поля, и творение рук человеческих — нацеленная в небо красавица-ракета...»[1].

Как оказалось, на испытания была привезена недоработанная, еще совершенно «сырая» ракета. Хотя для своего времени это была достаточно современная и надежная ракета, проблема заключалась в том, что с ее испытаниями поторопились. Испытания обязательно должны были состояться до ноябрьских праздников — к очередной годовщине Октябрьской революции!.. Московское руководство постоянно подгоняло, торопило... Оставалось надеяться лишь на то, что ракету «доведут» уже на полигоне. Обстановка на полигоне царила нервозная, многие понимали опасность такого поспешного выхода ракеты на испытания. Рисковали, но выбора не было, за срыв сроков можно было нарваться на выговор от московского начальства.

Несмотря на попытки «сверху» ускорить испытания, подготовка к ним шла тернисто, случались отказы автоматики, ложные срабатывания... Техническое состояние системы управления не могло не вызывать тревогу. Было очевидно, что к старту готовится аварийная ракета, которая, грубо говоря, может подчиниться ложным командам и преподнести любой «сюрприз»...

Главный конструктор систем управления Кузнецов был категорически против того, чтобы продолжать испытания, но руководство не прислушалось к нему. Когда Янгель заикнулся было о переносе сроков испытания, Неделин нахмурился и ответил:

— А что я скажу Никите?..

---

[1] *Матренин А. С., Майоров А. Н.* Катастрофа, о которой не было объявлено // Байконур — чудо XX века. Воспоминания ветеранов Байконура об академике М. К. Янгеле и космодроме. М., 1995. С. 18.

Первоначально назначенный на 23 октября пуск все-таки был перенесен на сутки. Когда накануне старта 30-метровую ракету полностью заправили топливом (более ста тонн горючего), в системе запуска была обнаружена неисправность. По технике безопасности подобные неполадки устраняются лишь после слива топлива и удаления всех людей со стартовой площадки. Однако на это времени уже не оставалось.

Узнав, что на ракете была обнаружена течь топлива, Неделин спросил Янгеля:

— Это опасно?

— Мелочи, — ответил главный конструктор.

Под протечку поставили ведро, а к ведру — часового. С суперсовременной техникой обращались, как нетрезвый водитель с заглохшим на обочине грузовиком.

Всем было понятно, что ракета все еще очень «сырая», техники даже слышали, как внутри нее рвались мембраны.

В день испытаний маршалу Неделину постоянно звонили из Москвы — из ЦК, из Совмина и Министерства обороны. Отступать было уже некуда.

В 19 часов 5 минут была объявлена 30-минутная готовность. Боевой расчет производил заключительные операции — отсоединялись заправочные пневмокоммуникации, снимались заглушки и ветровые крепления.

Неделин с сопровождающими находился в ста метрах от ракеты, которая была буквально облеплена со всех сторон специалистами, завершающими последние регламентные работы.

Курение на площадке было строжайше запрещено — для курильщиков оборудовали специальный бункер. Туда-то и направился сильно нервничавший Михаил Янгель. Как потом оказалось, сигарета спасла ему жизнь.

Митрофану Ивановичу предложили на всякий случай отойти подальше, но маршал ответил:

— Разве я не такой же офицер, как все остальные?

Объявили 30-минутную стартовую готовность.

В это время в автоматике прошла ошибочная команда на запуск двигателя второй ступени. Вокруг ракеты распространился огненный смерч, и в считанные секунды десятки тонн пылающего топлива залили стартовую площадку со всеми находившимися на ней людьми. Борис Лавриненко, бывший в 1960 году начальником группы КБ «Южное», вспоминает: «Когда началась авария, я только слез со второй ступени и отошел от ракеты где-то на сто метров. Я отошел с разрешения погибшего там заместителя главного конструктора Льва Берлина, который сказал: „Уходи, но будь недалеко, потому что будешь нужен". Поэтому, когда внизу зашумело, а началось с того, что шум начался — запустились двигатели второй ступени, я обернулся посмотреть, что там произошло. Увидел пламя между первой и второй ступенью. Я увидел как с ракеты посыпались горящие факелы, люди падали, как я видел падают с вышки — прыжки в воду. Вот так летели люди и горели в полете, прямо как факелы живые падали. И те, кто был внизу — я увидел, как факелы, такие же побежали от ракеты, чтоб скорее уйти. Побежал и я»[1]. Температура в эпицентре пожара достигала трех тысяч градусов. Те испытатели, которые не погибли в первую секунду, побежали прочь от стартовой площади, но путь им преградила полоса свежезалитого битума, который мгновенно превратился в раскаленное варево. К застрявшим в битуме испытателям стремительно подобрался огонь.

Горящие люди бежали по степи.

На земле ад разверзся…

На том месте, где стоял Неделин, нашли ободок маршальской фуражки и часы. Они показывали время катастрофы — «18:45».

На следующий день на Байконур прибыла государственная комиссия во главе с председателем Президиума Верховного Совета Леонидом Ильичем Брежневым, который несколько лет работал в Днепропетровске, где находилось конструкторское бюро Янгеля, а потому хорошо знал проблемы ракетно-космической отрасли.

---

[1] Неделинская катастрофа. URL: http://podrobnosti.ua/projects/arch/2005/10/25/255645.html (дата обращения: 07.12.2009).

Изучив обстоятельства катастрофы на полигоне, Брежнев подвел черту: «Никого наказывать не будем. Все себя уже наказали».

Первый вопрос, который Хрущев в телефонном разговоре задал Янгелю, был: «А ты почему остался жив?» Янгель дрожащим голосом ответил: «Я просто отошел покурить».

Советским гражданам было сообщено, что маршал Митрофан Иванович Неделин погиб в авиакатастрофе. Тайна его смерти была открыта только в перестроечные времена. О гибели других людей в официальном сообщении ничего не говорилось. В день похорон на Байконуре впервые за много дней хлынул проливной дождь, словно бы природа оплакивала погибших.

Михаил Кузьмич Янгель, размышляя о причинах катастрофы, сказал: «*Мы с ракетой были на „ты“, а она требовала обращения на „вы“*».

Как размышляет сегодня Марк Волошин, в 1960 году инженер КБ «Южное»: «*В чем причина катастрофы? Наверное, во многом виновато это стремление быстрее все сделать, эта атмосфера срочности. Если бы это делалось более в свободном режиме, можно было бы подумать, проанализировать, осмыслить, и, наверное, это можно было предусмотреть*»[1]. Пуск второй, уже доработанной ракеты, состоявшийся через сто дней после катастрофы на Байконуре, 2 февраля 1961 года, прошел успешно. Вслед за ним началось серийное изготовление межконтинентальных ракет, которые обеспечили нашей стране паритет с США. Но первые шаги в освоении ракетно-космической техники оказались трагическими. Каждый научно-технический «прорыв» в истории связан с появлением нового типа катастроф. Новые технологии неизбежно порождают и новые катастрофы.

---

[1] Неделинская катастрофа. URL: http://podrobnosti.ua/projects/arch/2005/10/25/255645.html (дата обращения: 07.12.2009).

Прекрасен наш «Союз»...

Советскому гражданину путь отечественной космонавтики представлялся триумфальным и безоблачным. И никто не догадывался, какой дорогой ценой в действительности было оплачено покорение Космоса. Информация о нештатных ситуациях, авариях и гибели людей чаще всего оставалась закрытой. Советскому народу полагалось знать только о героических свершениях. Катастрофа корабля «Союз-1» в 1966 году стала одним из немногих исключений из практики тотальной секретности, существовавшей в космической отрасли Советского Союза.

После полета Юрия Гагарина у Сергея Павловича Королева родилась идея создания кораблей нового поколения — «Союз». На этих кораблях можно было осуществлять полеты в течение тридцати суток. По своей конструкции корабль «Союз» существенно отличался от своих предшественников — кораблей «Восток» и «Восход». Вместо двух отсеков, которые имели они, «Союз» состоял из трех основных отсеков — спускаемого, орбитального и приборно-агрегатного. Совершить полеты в качестве командиров на кораблях нового поколения готовились космонавты Владимир Комаров (старший по возрасту в первом отряде космонавтов) и Юрий Гагарин, который был назначен дублером «основного» командира «Союза-1». Командиром «Союза-2» назначили Валерия Быковского.

История освоения первых «Союзов» началась с полетов беспилотных образцов. У первого беспилотника обнаружились проблемы в маневрировании, а при старте второго случилась авария, взорвались топливные баки, и корабль сгорел. Не без трудностей происходил и полет третьего беспилотника, который в результате неполадок упал на дно Аральского моря. Впоследствии начальник Военно-воздушной инженерной академии имени Жуковского генерал-полковник Владимир Коваленок с горечью говорил, что этот «...третий, „зачетный“, корабль „Союз“ оказался таким же „сырым“, как и его предшественники... Мы его трое суток искали на вертолетах, обшарив пространство размером с пол-Казахстана... Само собой, не найди мы тогда его на дне Арала, — Володе Комарову вообще не пришлось бы никуда лететь!..»[1]

Если бы...

Незадолго до трагедии космическая карьера полковника Владимира Михайловича Комарова могла прерваться — во время одной из тренировок на центрифуге электрокардиограмма зафиксировала неполадки в работе сердца. В результате ему сначала запретили на полгода перегрузки и парашютные прыжки, а потом и вовсе хотели отчислить из отряда космонавтов. Комаров с приговором врачей не смирился — поехал к светилам Ленинградской Военно-медицинской академии, прошел дополнительные обследования и доказал, что здоров и может быть допущен к полетам. Он мечтал о полетах и сам выбрал свою судьбу.

В апреле 1966 года первым должен был стартовать Комаров, а через сутки после него — Быковский с бортинженерами Алексеем Елисеевым и Евгением Хруновым. После стыковки на орбите Елисеев и Хрунов должны были перейти на «Союз-1» и после проведения исследований втроем вернуться на Землю.

Однако до полета «Союзов» не дожил Сергей Павлович Королев. Он скоропостижно умер 14 января 1966 года. И хотя при его преемнике академике В. П. Мишине подготовка к стартам шла по плану, в работе стала чувствоваться некоторая тревожность — не хватало авторитета Королева, его мудрости и опыта. И уже после трагедии у многих возникла мысль: был бы жив Королев — несчастья не случилось бы... Но, как говорится, история не терпит сослагательного наклонения.

---

[1] Гибель космонавта В. Комарова на корабле «Союз-1». URL: http://www.aeroaccidents.ru/index/0-44 (дата обращения 07.12.2009).

23 апреля «Союз-1» стартовал с Байконура. И сразу же после выхода на орбиту начались неприятности: не раскрылась одна панель солнечных батарей. Комаров получил команду с земли: попробовать закрутить корабль на Солнце, экономить энергию. Вскоре космонавт доложил: «Давление в кабине 760, зарядка 14. Солнечная батарея не раскрылась, закрутка на Солнце не прошла». Государственная комиссия приняла сначала решение отложить старт «Союза-2», но потом решили все же его запустить, вывести на орбиту, состыковать с первым кораблем, выйти в открытый космос и вручную раскрыть панель солнечной батареи. Однако выяснилось, что из-за неустойчивого положения «Союза-1» на орбите состыковка с ним другого корабля невозможна. Тогда старт «Союза-2» окончательно отменили и было принято решение готовить первый корабль к аварийной посадке. Она должна была состояться на семнадцатом витке, но по причине нечеткой работы датчиков ориентации вынуждены были ее перенести на девятнадцатый, приказав Комарову сориентировать корабль вручную.

В Центр управления полетами срочно вызвали космонавта Павла Беляева, который за два года до этого вручную осуществлял посадку корабля «Восход-2». Беляева спросили, реально ли сориентировать корабль ночью, при свете полной луны. «Да, можно», — ответил Беляев.

На связь с орбитой через Центр управления полетами вышел председатель Совета Министров Советского Союза Алексей Николаевич Косыгин.

— Товарищ Комаров, здравствуйте. Как слышите меня? — сказал Косыгин.

— Здравствуйте. Слышу вас нормально, — ответил космонавт.

— Мы внимательно следим за вашим полетом, — продолжил премьер. — Мы знаем о том, что вы столкнулись с трудностями, и принимаем все меры для их устранения.

Комаров промолчал, возникла пауза, и Косыгин, очевидно, не нашелся что сказать. Комаров был сильным человеком, русским мужиком, который выбрал, возможно, самую опасную в мире профессию и самозабвенно любил ее, но в эту минуту, вероятно, комок подкатил к горлу… Космонавт молчал, и на земле председатель Совета министров с тревогой слушал космическую тишину в динамиках.

— Что мы можем для вас сделать?.. — спросил Косыгин.

— Позаботьтесь о моей семье… — прозвучал в эфире голос полковника Комарова.

Утром 24 апреля на восемнадцатом витке, через 26 часов 45 минут после запуска, Комарову удалось сориентировать корабль.

Катастрофа произошла уже во время спуска. Корабль падал, вращаясь вокруг своей оси, и при открытии основного парашюта, который должен был погасить скорость падения, его купол был смят, так как скрученные стропы не позволили ему раскрыться. «Союз-1» ударился о землю на скорости около 60 м/с, в корабле начался пожар.

Дочь космонавта Ирина Комарова впоследствии вспоминала: «О том, что произошло что-то страшное, мама поняла, когда у нас внезапно отключили телефон. Причем за несколько часов до того, как в квартире появились „официальные лица„. Потом дверь не закрывалась. Шли космонавты, их жены. Ведь все жили в Звездном городке в одном доме. Под нами — Валентина Владимировна Терешкова. Она-то, обняв меня, и сказала, что папа погиб… За месяц до полета папа отмечал свое сорокалетие. Он не верил в приметы. Помню, было огромное количество гостей. Мама ведрами жарила цыплят табака. Словно попрощался со всеми. В первые после гибели папы годы маму приглашали на приемы в Кремль. Вот там-то она и узнавала по крупицам подробности. Просто подходили какие-то люди, которые были в государственной комиссии, и что-то рассказывали. Но все говорили одно: он сделал все, чтобы вернуться. Ведь папа был тогда не только старше некоторых космонавтов по возрасту, но и опытнее. Он уже совершил полет в качестве командира первого многоместного корабля „Восход„. Когда многие только пошли учиться в академию имени Жуковского, он уже имел высшее инженерное образование, готовился защищать диссертацию. Знал „Союз„ буквально „до винтика„. Чтобы вывести взбунтовавшийся корабль из критического положения, он выполнял то, чему космонавтов еще никто и никогда не учил. И выполнил филигранно! Но когда уже казалось, что самое трудное позади, произошло скручивание строп парашюта»[1].

[1] *Ячменникова Н.* Схватка в Космосе // Российская газета. 2007. 26 апреля.

Создатель отечественной школы управления космическими аппаратами академик Борис Черток говорил: «То, что случилось с Комаровым, — это наша ошибка, разработчиков систем. Мы пустили его слишком рано. Не доработали „Союз“ до нужной надежности. В частности, систему приземления, систему отстрела и вытяжки парашюта. Мы обязаны были сделать по крайней мере еще один безотказный настоящий пуск. Может быть, с макетом человека. И получить полную уверенность, как это сделал Королев перед пуском Гагарина: два „Востока“ слетали с макетом „Иван Иваныч“. Аварии могли быть уже потом, после пуска Гагарина. И даже после пуска Титова мы детально просматривали телеметрию и хватались за голову: ах, как же мы проскочили!.. Гибель Комарова на совести конструкторов»[1].

Да, «проскочить» Комарову не удалось…

После гибели Комарова Юрий Гагарин сказал: «*Он показал нам, как крута дорога в космос... Мы научим летать „Союз“. В этом я вижу наш долг перед Володей. Это отличный, умный корабль. Он будет летать...*»

Спустя полтора года после катастрофы «Союз-2» был запущен в беспилотном варианте, больше нельзя было подвергать риску жизни космонавтов. И только в январе 1969 года удалось осуществить состыковку двух «Союзов». Космонавты Владимир Шаталов на «Союзе-4» и Борис Волынов, Алексей Елисеев, Евгений Хрунов на «Союзе-5» состыковали пилотируемые корабли с переходом космонавтов из одного корабля в другой через открытый космос.

---

[1] *Ячменникова Н.* Схватка в Космосе // Российская газета. 2007. 26 апреля.

Дракон, охраняющий нефть

И утро шло кровавой банею,
Как нефть разлившейся зари…

Борис Пастернак

Не случайно название нефти, которая известна человечеству с глубокой древности, происходит от глаголов «вспыхивать», «воспламеняться». Сегодня мы не можем обходиться без «черного золота», но его добыча и переработка порой приводят к настоящим бедствиям…

Нефтеразведочная скважина № 58 объединения Грознефть в Эльдарово показывала свой строптивый нрав. Она была заложена в перспективном для освоения, но сложном по своему геологическому строению районе Терского хребта.

Бурение скважины шло трудно, подаваемый в ствол скважины глинистый раствор, с помощью которого предотвращаются аварийные выбросы нефти и газа, постоянно уходил в недра. А исчезновение раствора — огромная опасность для бурения, ведь именно он помогает сдерживать давление пластов.

Словно бы сама Земля не хотела делиться с человеком своими богатствами.

К осени 1967 года глубина забоя достигла 3817 метров.

12 октября скважина разбушевалась. Глинистый раствор стал выбиваться на поверхность, буквально заливая буровую вышку.

Работавшая в этот день бригада буровиков безуспешно пыталась перекрыть скважину, стремительно превращавшуюся в гигантский фонтан, в котором нефть и газ смешались с глиняной жижей. Сама вышка содрогалась от идущей из чрева Земли вибрации, похожей на землетрясение.

Газ плотно пропитал воздух. Одной искры оказалось достаточно — и бьющая из земли нефтегазовая струя превратилась в гигантский факел, чья ослепительная яркость затмила солнце. Оказавшаяся в жерле вулкана 50-метровая вышка за несколько минут разрушилась, словно была не металлической конструкцией, а хрупким домиком из спичек.

Свидетели аварии никогда не забудут устремленного в небо потока огня, похожего на расплавленный металл, и того страшного рева, с которым земля извергала нефтяной фонтан.

Горение этого исполинского костра, поднимавшего языки пламени до небес, сопровождалось вихрем раскаленного воздуха, будто бы скважину накрыл смерч. Адский костер пылал, а недра безостановочно подбрасывали в него все новые порции нефти, которая даже не успевала полностью сгорать и ложилась вокруг на землю густыми жирными брызгами.

Выехавшим в Эльдарово пожарным машинам предстояло проделать путь почти в пятьдесят километров по размытым осенним дорогам. На самой скважине не было противопожарного водоснабжения, так что на свои силы буровикам не приходилось рассчитывать, тем более что масштабы бедствия с каждой минутой становились все более катастрофическими… Огнетушители здесь были уже бесполезны.

На многие километры от горящей скважины протянулся хвост плотного черного дыма, закрывшего небо. Наступила ночь, зловеще освещаемая оранжевыми всполохами.

Прибывшие на место катастрофы пожарные расчеты не могли приблизиться к скважине ближе чем на сто метров. Перед ними словно бы стояла стена раскаленного воздуха. Они сумели лишь спасти от пламени то, что уцелело, — оборудование буровиков, цистерны с дизельным топливом.

Рыцарям огня стало очевидно, что вести борьбу с вулканом невозможно… Скважина была расположена на холме с крутыми откосами, и подойти к ней можно было лишь с одной стороны по грунтовой дороге, которая не выдерживала тяжелой пожарной техники.

За считанные часы вокруг скважины вырос настоящий городок, в котором напряженно работали огнеборцы. В тушении было задействовано почти шестьсот человек. Сюда подтянули самую современную пожарную технику и землеройные машины, в район бедствия шли колонны автомобилей с палатками, медикаментами и продовольствием. На расстоянии двух километров (там, где уже не чувствовалась загазованность) разбили палаточный лагерь спасателей с медпунктом и столовой. Когда через несколько дней начались снегопады, жить в палатках стало холодно, пришлось установить печки-«буржуйки», чтобы хоть как-то обустроить быт спасателей, работавших круглосуточно. Приближаешься к скважине — адская жара, а чуть отойдешь к палаточному городку — пронизывающий ледяной ветер.

А стихия все бушевала — ненасытный огонь глотал и глотал черное топливо, нагнетаемое природным насосом. Гигантский огнедышащий дракон вырвался из тысячелетнего плена, и все попытки укротить его оказывались тщетными...

Пожар на буровой в Эльдарово стал чрезвычайным происшествием союзного масштаба. В Министерстве внутренних дел СССР каждый день заслушивали доклад представителя Главного управления пожарной охраны о том, как идет борьба с огнем на Грознефти. Из Москвы в Эльдарово прибыл первый заместитель министра нефтедобывающей промышленности СССР С. А. Оруджев.

Двенадцать бульдозеров безостановочно в две смены рыли котлован, к которому протянули два трубопровода из артезианских скважин на реке Терек. Быстро смонтировали двадцать два насоса. Одновременно у котлована создавалась площадка для пожарной техники — самосвалы подвозили гравий, краны укладывали железобетонные плиты. 17 октября в искусственный водоем начала поступать вода.

Но вскоре выяснилось, что вода не может долго удерживаться в водоеме, поэтому потребовалось построить рядом металлические резервуары. В Эльдарово доставили листовое железо в рулонах, днем и ночью строили емкости. Монтажники работали в полевых условиях, практически без подъемных механизмов. И уже 24 октября начались работы по установке резервуаров на специальной площадке.

Вода из пожарных стволов размывала почву вокруг скважины, возникла реальная угроза оползня. Для того чтобы укрепить грунт, бульдозеры постоянно насыпали щебень и гравий на размытые участки, находясь в непосредственной близости от огня. Однажды одна из машин сползла вниз по внезапно осевшему грунту и оказалась у самого устья скважины... Если бы пожарные не успели прикрыть бульдозер водяной завесой, то через минуту-другую взорвались бы баки с горючим.

Между тем предстояло решить еще более сложную проблему. Из устья скважины нужно было извлечь обломки буровой вышки. Это было необходимо для того, чтобы бьющий из скважины огненный фонтан приобрел компактную форму, а не разлетался брызгами гигантского фейерверка. Под завесой потоков воды тракторы-тягачи приближались к самому пеклу и с помощью крюков и канатов вытаскивали из огня искореженный металл, бурильные трубы и насосы. Но полностью оттащить обломки никак не получалось, потому что многие из них были прочно прикреплены к бетонному фундаменту.

На помощь пожарным пришли военные. Танкисты из стомиллиметрового орудия сделали более сотни выстрелов болванками по руинам вышки. Только так удалось очистить жерло нефтяного вулкана.

Тушение подобных возгораний долгое время было практически невозможным, пока в 1930 году инженер из Баку Г. М. Мамиконянц не предложил гасить нефтяной фонтан методом взрыва. Технологию успешно опробовали при пожаре на скважине в районе Майкопа. Этот уже ставший традиционным способ решено было применять и в Эльдарово.

Началась подготовка к взрыву. Заряд взрывчатого вещества массой пятьсот килограммов, постоянно орошая его водой из лафетного ствола, подвели с наветренной стороны к негорящей части нефтяного фонтана. Прогремевший взрыв, как показалось в первый момент, победил стихию — пламя факела было оторвано и потухло, но уже спустя несколько минут к небу вновь устремился огненный столб. Нефть загорелась от соприкосновения с уцелевшими раскаленными частями металлических конструкций буровой вышки.

Тогда было принято решение атаковать огонь с помощью новейшего по тем временам изобретения — турбореактивных установок, созданных на базе авиационного двигателя, отработавшего свой ресурс в воздухе. Они устанавливались на шасси автомобиля ЗИЛ и могли подойти близко к очагу горения.

26 ноября турбореактивные установки пошли в наступление на огонь. Всего двадцать минут понадобилось, чтобы пламя погасло. Только едкий дым продолжал клубиться над скважиной в раскаленном воздухе.

Но победа не была окончательной. Через два часа нефтяной фонтан вновь воспламенился. И вновь пошли в атаку турбореактивные установки, они снова победили огонь, и снова он вознесся до небес. Стихия то покорялась человеку, то вновь наступала.

И лишь 5 декабря огнеборцы могли праздновать победу над пламенем. Для истории сохранилось даже точное время, когда перестала пылать нефть в Эльдарово, — 13 часов 32 минуты.

Борьба с огнем шла долгих 55 дней. Это было изнурительное и героическое сражение, которое потребовало от пожарных и нефтяников личного мужества, подлинного героизма, а также — профессионализма самой высшей пробы и владения новейшими технологиями борьбы с огнем.

Но ликвидация последствий катастрофы требовала еще немало сил. Как только погасло пламя, начались работы по закрытию изрыгающей нефть и газ скважины. Страхуемая пожарными бригада нефтяников приступила к установке фонтанной арматуры. Это было связано с огромным риском, ведь одной искры было достаточно, чтобы легкогорючая смесь вновь заполыхала, и у работающих над скважиной людей не оставалось бы ни малейших шансов спастись из огня.

Когда, наконец, 10 декабря адское жерло было закрыто, исчез оглушительный рев, к которому пожарные и нефтяники привыкли за шестьдесят дней.

Настала тишина, которая означала: *работа закончена*!

Поезд Смерти прибывает в Арзамас

4 июня 1988 года. В Арзамасе раннее субботнее утро, но воздух горячий и плотный — к полудню уже будет полыхать почти сорокоградусная жара.

Для опытного железнодорожника машиниста Юрия Микановича в то утро начинался самый обычный рейс. Он уже доставил один товарный состав в Горький, а там, на станции Окской, принял грузовой поезд № 3115 и по хорошо знакомому маршруту тронулся в направлении Арзамаса. Правда, в эти утренние часы сердце Микановича все же уколола легкая тревога... Машинист знал, что в три вагона состава были загружены промышленные взрывчатые вещества, которые применяют в геолого-разведочных работах. Всего загрузили почти 120 тонн взрывчатых веществ — октогена и гексогена. А по инструкции разрядный груз должен ставиться в голову состава за тепловозом, но с вагонами прикрытия, которые в этот раз почему-то отсутствовали. Что это было — чья-то небрежность, просто забывчивость или, может быть, сознательный шаг, — Миканович, конечно же, не мог знать. Машинист решил не задавать лишних вопросов и отправился в путь.

На последнем разъезде перед Арзамасом в Соловейчике состав Микановича простоял более двадцати минут — Арзамас не принимал. Эти минуты ожидания машинист запомнил на всю жизнь...

Состав медленно тронулся, впереди показалась станция. Справа под насыпью виднелись освещенные ярким солнцем крыши утопающего в кипучей зелени дачного поселка, возле опущенного шлагбаума перед переездом стояло несколько машин. Яркие блики скользили по лобовому стеклу набирающего ход тепловоза.

Потом в памяти Юрия Микановича внезапно образовалась пустота. Он не помнил прогремевшего взрыва.

Гигантское грибовидное облако поднялось над станцией.

Второй секретарь Арзамасского горкома Александр Николаевич Захаров в момент взрыва находился на своей даче недалеко от вокзала. Его дом располагался в низине, а потому не был задет взрывной волной. Увидев черный «гриб» в небе, Захаров в одних шортах и шлепанцах на босу ногу бросился на станцию. Навстречу ему бежали люди в разодранной одежде и с черными от копоти лицами… Захаров увидел гигантскую воронку, которая быстро заполнялась водой разорванного водопровода, вздыбленные рельсы и торчавшие из земли шпалы, искореженные автомобили на станции. В дымном воздухе витал сладковатый запах горелого человеческого мяса.

Разрушения на станции были такие, словно вокзал только что подвергся бомбардировке.

«Война?.. Неужели бомбежка?..» — лихорадочно думал Захаров, глядя в небо. Поймав попутку, он помчался на водоканал, чтобы перекрыть хлеставшую воду…

Именно Захарову, как первому из руководителей города подоспевшему к месту трагедии, поручили организовать разбор завалов…

Когда сотрудники станции Арзамас-1 прибежали к месту взрыва, представшая их взглядам картина показалась нереальной. Перед ними был какой-то лунный кратер, жуткий пейзаж планеты, пережившей катастрофу… В земле зияла эллипсовидная воронка диаметром почти в шестьдесят метров и глубиной в тринадцать метров. Возле воронки лежали окровавленные трупы. Вокруг шумела и бурлила вода.

Председатель Арзамасского горисполкома Иван Петрович Скляров вспоминал: «Услышав взрыв, я подумал, что у кого-то дома взорвались газовые баллоны. В здании горсовета стали вылетать и сыпаться стекла, и вообще возникло ощущение спецэффектов, как в голливудских фильмах. На Воскресенском соборе (он от места взрыва в шести километрах) стала задираться крыша. А за собором дома частного сектора, словно начиненные дипольными зарядами, стали разрушаться изнутри. Все было, как при замедленной киносъемке... Такого ужаса я в жизни никогда не испытывал, хотя пришлось бывать и на техногенных, и на природных катастрофах... В мозгу стучала только одна мысль: неужели это ядерный взрыв?»[1] О том, что в Арзамасе случился «второй Чернобыль», в эту минуту подумали многие, а слухи о радиационном заражении упорно распространялись на протяжении нескольких дней.

Впоследствии жительница Арзамаса делилась воспоминаниями о том страшном дне и о чудесном спасении своего ребенка: «Накануне мы вернулись домой поздно, легли спать за полночь. Поэтому утром и встали поздно. Муж ушел в гараж, маленький ребенок — грудничок — спал в комнате, а я пошла на кухню готовить ему кашку. И вот только я пристроилась у плиты, слышу, Васенька плачет. Прихожу в комнату, он сразу замолчал, лежит и смотрит на меня. Я ему одеяльце поправила, он глазки закрыл, и я снова на кухню. Только за поварешку взялась — он опять плачет. Я снова к нему. Представляешь, несколько раз: прихожу — молчит, уйду на кухню — плачет. Ну, и я взяла его на руки и с ним на руках пошла на кухню. Только вошла в коридор — ка-ак рванет! Звон, грохот, штукатурка посыпалась! Возвращаюсь в комнату и вижу, что вся кроватка Васеньки утыкана осколками оконных стекол — кроватка-то прямо под окном стояла. Иду на кухню — и там все осколками стеклянными утыкано. Меня аж мороз продрал по коже... Васенька жив-здоров и взрыва, конечно, не помнит, а мама его до сих пор убеждена, что мальчику ангел уснуть не давал...»[2].

Уже через десять минут после взрыва на станцию прибыли шесть бригад «скорой помощи». А в городские больницы срочно вызвали всех не занятых на дежурстве врачей и медсестер. Для эвакуации раненых была задействована санитарная колонна гражданской обороны (27 автобусов). Прибыли пожарные расчеты, вскоре к месту аварии примчались пожарные поезда из Горького и Мурома.

---

[1] *Колобов О. А., Рыбаков Н. И.* Взрыв. Техногенная катастрофа в Арзамасе 4 июня 1988. Н. Новгород, 1998.

[2] Цит. по: *Ломтев А.* Взрыв. URL: http://www.gazeta-sarov.ru/social/?id=31 (дата обращения: 07.12.2009).

Двести пятьдесят метров железнодорожного полотна было разрушено. Самым страшным было то, что взрыв повредил проходивший под железнодорожными путями газопровод. Недалеко от станции находились нефтебаза и цистерны со сжиженным газом. Все это создавало угрозу, что трагедия на станции Арзамас буквально с минуты на минуту вновь повторится. К счастью, пожарным удалось быстро отсечь огонь от нефтебазы.

Спасателям первоначально не было известно, существует ли опасность радиоактивного или химического заражения. Информации о том, какой груз перевозили во взорвавшемся составе, не было никакой, а работа по ликвидации последствий аварии требовала срочных действий. Когда выяснилось, что взорвались промышленные взрывчатые вещества, спасатели смогли вздохнуть с облегчением — угроза радиоактивного заражения отпала...

Осколок рельса, поднятый в воздух взрывной волной, угодил в электроподстанцию, на землю хлынуло и мгновенно загорелось трансформаторное масло. Тушить огонь было нечем и его засыпали песком и металлической стружкой. Взрыв также повредил городскую канализацию, и неочищенные стоки хлынули в реку Тешу. Возникла угроза экологической катастрофы и распространения эпидемий.

Арзамасским врачам еще не приходилось принимать одновременно такое количество пострадавших. Легкораненых, а их оказалось порядка пятисот человек, после оказания медицинской помощи отправили по домам. В течение 4 и 5 июня в лечебных учреждениях Арзамаса было проведено 1065 первичных хирургических обработок ран, 7 трепанаций черепа, 7 ампутаций... Это был бесконечный «конвейер» операций, и хирургам удавалось лишь на несколько минут отойти от операционного стола — их ждали все новые и новые пациенты. Тяжелораненые были отправлены на вертолетах в Горький. А тем временем сотни арзамасцев шли в больницы, чтобы сдать кровь.

Председателем правительственной комиссии по ликвидации последствий катастрофы в Арзамасе был назначен заместитель председателя Совета Министров СССР Геннадий Георгиевич Ведерников, который срочно выехал на место происшествия. Штаб разместился в здании горкома партии. До революции в нем была гимназия, где учился Аркадий Голиков, и именно этот дом он, уже под псевдонимом Аркадий Гайдар, описал в своей повести «Школа». Началась работа по расселению оставшихся без крова, по опознанию неизвестных трупов, многие из которых были обезображены до неузнаваемости, по организации питания для докторов, спасателей, доноров и пострадавших. Было решено переселить всех, чье жилище оказалось в очаге поражения, — а это почти четыре тысячи человек. Их эвакуировали в центральную гостиницу, в общежития, в незанятые по случаю летних каникул школы и училища. Операцию по расселению удалось провести всего за три часа. Милиция тем временем взяла под охрану разрушенные магазины и склады.

Для хранения неопознанных трупов на станцию подогнали вагон-холодильник. На протяжении нескольких часов солдаты по прилегающим к станции улицам и дачному поселку собирали разбросанные взрывом «фрагменты тел» погибших.

«Самая драматическая часть всех событий — это состоявшиеся похороны, — вспоминал Иван Скляров. — Жутко было входить в дом — у каждого порога стояла беда… Общественная комиссия предприятий и организаций, где работали погибшие, взяла на себя организацию похорон… Торгующие организации Арзамаса выделили необходимую одежду для захоронения, продовольственные товары для проведения поминальных обедов»[1].

Случайность или диверсия?

Впоследствии губернатор Нижегородской области Геннадий Ходырев выразил твердую уверенность, что тот страш-

[1] *Колобов О. А., Рыбаков Н. И.* Взрыв. Техногенная катастрофа в Арзамасе 4 июня 1988. Н. Новгород, 1998.

ный взрыв произошел в результате террористического акта: «Мое субъективное мнение, и пока еще меня в этом никто не переубедил, — это была диверсия. Кому-то было выгодно сформировать у населения страны уверенность в неспособности власти тех лет управлять государством, обеспечивать безопасность граждан. Утонул теплоход „Нахимов“, взорвалась Чернобыльская АЭС, взрыв в Арзамасе. Через год, ровно день в день, такой же взрыв в Свердловске. И нигде не нашли виновных...» Действительно, последние годы существования Советского Союза изобиловали техногенными катастрофами, которые оказывали деморализующее воздействие на людей. Однако по сей день веских аргументов в пользу этой версии не найдено. КГБ после взрыва всерьез отрабатывал версию о террористическом акте.

«Была ли диверсия? — писала 3 июня 1993 года газета „Арзамасские новости“. — Специалисты дали заключение, что этого не было. Если бы сработало взрывное устройство, то вначале раздался бы хлопок, и только после этого — детонация взрывчатки. А этого не было... Сразу взрыв. Некоторые свидетели слышали характерный звук. Но при испытаниях оказалось, что данное вещество при сгорании издает звук, подобный звуку пролетающего реактивного самолета. Если вы помните, большинство людей говорят о взрыве газовой магистрали. Версия, кстати, очень серьезная. Провели экспертизу, и она отпала. Труба была сломана наружным давлением, а не разорвана... При погрузке [в вагоны] вещество было рассыпано по металлическому полу. К тому же по документам выяснилось, что в вагон были погружены два разных несовместимых вещества. Стали исходить из этого. Что же вызвало детонацию? Надо сказать, что нужны особые условия, чтобы эти вещества взорвались. Это могло быть возгорание либо от трения, либо от попадания искры от тепловоза. Вы знаете, что на железной дороге характеристики тепловозов далеки от идеальных. Но этот-то тепловоз был в норме!» Также было установлено, что октоген и гексоген, которые перевозил состав № 3115, имели посторонние примеси, в частности — песок, значительно повышающий чувствительность взрывчатых веществ.

В аналитической записке Арзамасского управления ФСБ, в частности, говорилось: «Учитывая, что в вагоне мешки располагались по высоте в 10–11 рядов, а также динамическое воздействие на груз вагона в пути следования, можно допустить, что в тонком слое взрывчатых веществ началась низкотемпературная химическая реакция с выделением тепла. Наличие сенсибилизирующих добавок (песка) значительно облегчает и ускоряет экзотермическую реакцию».

Гораздо больше оснований утверждать, что Арзамасская трагедия — результат преступной халатности, которая была столь привычным явлением в позднем СССР. Так и в тот роковой день по беспечности и нерадивости оказались грубо нарушенными правила перевозки опасных грузов. Видимо, в очередной раз понадеялись на «авось»...

По официальным данным, 4 июня 1988 года в Арзамасе погиб 91 человек, из них 14 детей. Но жертв у этой катастрофы могло быть гораздо больше. Во-первых, оказалось, что буквально за несколько минут до взрыва со станции отправился другой состав с боеприпасами. А, во-вторых, недалеко от рокового переезда находилась нефтебаза — если бы взорвалась она, то в руины превратилась бы половина города.

Сегодня о той катастрофе вспоминают ежегодно — 4 июня, когда к воздвигнутой на месте трагедии белой часовенке и памятнику с покореженным куском вагонного железа, к старым часам с вокзального здания, где навсегда запечатлелось время взрыва — 9 часов 32 минуты, — приходят с цветами тысячи арзамасцев, объединенные скорбью и памятью о пережитом несчастье, о друзьях, родных и близких, погибших в тот жаркий летний день 1988 года, когда в их город вошел Поезд Смерти.

Поезда в огне

> Этот поезд в огне,
> И нам не на что больше жать.
> Этот поезд в огне,
> И нам некуда больше бежать…
>
> *Борис Гребенщиков*

Некоторые катастрофы поражают тем, что их просто не могло случиться — столь случайной оказывается цепочка обстоятельств, приведшая к трагическому финалу… Трудно предугадать события, которые не укладываются в привычную логику. Только силой злого рока можно объяснить, например, встречу двух поездов, которые выбились из графика своего движения словно бы исключительно для того, чтобы повстречаться в той точке, где должен был взорваться газ.

Эти скорые поезда с номерами 211 и 212 не должны были встречаться у Змеиной горки на перегоне между станциями Аша (Челябинская область) и Улу-Теляк (Башкирия) Транссибирской магистрали. Но вот случилось так, что в ночь с 3 на 4 июля 1989 года поезд из Новосибирска по техническим причинам запаздывал, а встречному составу пришлось сделать экстренную остановку, потому что у одной пассажирки прямо в вагоне начались родовые схватки.

За несколько часов до встречи 211-го и 212-го поездов машинисты составов, проходивших через этот перегон, стали предупреждать диспетчеров, что там чувствовалась сильная загазованность. Но почему-то этим сообщениям никто не придал значения. А ведь трагедию еще можно было предотвратить.

У Змеиной горки переполненные курортниками поезда уже практически разминулись, когда в 1 час 10 минут прогремел взрыв и ослепительный столб огня поднялся до небес. В этот момент оба встречных поезда находились в газовом облаке, которое вспыхнуло, вероятнее всего, от искры, возникшей при торможении. В поездах находились 1 тысяча 284 пассажира, в том числе 383 ребенка, и 86 членов локомотивных бригад. Сила взрыва была такой, что в домах окрестных деревень вылетели стекла из окон.

«В небо взметнулось пламя, стало светло, как днем, и мы подумали, что сбросили атомную бомбу, — рассказывал впоследствии участковый Иглинского отдела внутренних дел Анатолий Безруков. — Помчались к пожарищу на машинах, на тракторах. Техника на крутой склон подняться не могла. Стали карабкаться на косогор — кругом сосны стоят, как обгоревшие спички. Внизу увидели рваный металл, упавшие столбы, мачты электропередачи, куски тел... Одна женщина висела на березе со вспоротым животом. По склону из огненного месива полз, кашляя, старик. Сколько лет прошло, а он у меня так и стоит перед глазами. Тогда я увидел, что человек горит, как газ, синим пламенем»[1].

Многих пассажиров, которые лежали на верхних полках, взрывная волна выбросила далеко на насыпь. Последние вагоны обоих поездов чудовищная сила вышвырнула из колеи. Электроопоры, рельсы и шпалы были вырваны из земли, словно смерчем. На деревьях вокруг путей висели куски одеял, занавесок и обшивки из развороченных взрывом вагонов.

Первыми на место трагедии пришли жители близлежащих деревень. Прибежали подростки, которые как раз в это время возвращались с дискотеки. Они увидели десятки развороченных взрывом вагонов, обезображенные трупы и обгоревших людей, услышали гул огня, крики и стоны раненых. Вагонное железо было искорежено, как консервная банка, попавшая под колесо. В урочище бушевало пламя. Выжившие после взрыва люди пытались скрыться в лесу, но огонь вскоре перекинулся и на деревья, словно пытаясь догнать уцелевших и закончить свое дело смерти.

---

[1] Факел смерти. http://www.mkset.ru/news/chronograph/7234/ (дата обращения 07.12.2009).

Через несколько минут из близлежащего колхоза «Красный Восход» приехали грузовики и даже трактора, начали грузить раненых, которые находились в шоковом состоянии, везли их в больницу на станцию Аша. Носилок не было, пострадавших переносили на одеялах и чехлах от сидений. Многие умирали по дороге...

Первая «скорая помощь» добралась до места катастрофы лишь спустя час. К месту катастрофы не было проезжей дороги, медики и спасатели пробирались до эпицентра взрыва пешком. Практически у всех раненых были тяжелые ожоги тела и верхних дыхательных путей.

В ту страшную ночь были задействованы все бригады «скорой помощи» Уфы. На городские вызовы оставили только семь машин, многим звонившим в «скорую» диспетчеры вынуждены были отказать: в городе не было свободных бригад, а оставшиеся в резерве выезжали только на дорожно-транспортные происшествия. Такого бедствия Уфа еще не знала...

Один из офицеров, участвовавших в ликвидации последствий катастрофы, вспоминал: «Когда прибыли на место аварии, то первое, что увидели, — это искореженные поезда. На вагонах живого места не было. Они были какого-то грязно-красного цвета. Многие вообще ни на что не похожи, так — груда металла. Никогда такого раньше не видел. Даже сердце застучало. Пошли с группой офицеров смотреть — что там на месте. Первое, что бросилось в глаза, — трупы обгоревших. Мы прямо оцепенели. Такого даже представить себе нельзя. Никогда мы не видели трупов, на которых полностью сгорела одежда, сгорели волосы, другие части тела, такие, например, как уши, нос, губы... Невозможно себе этого представить. Многие трупы были перекорежены, без кожи, просто обгорелое мясо на костях... Когда получили команду сносить трупы поближе к месту погрузки, не каждый мог решиться на эту работу... И вот мы начали их собирать... С первого раза многие даже не могли взяться... Непонятно было — что это? — руки или ноги, а иногда торчал просто кусок кости с мясом, такой обгорелый. Очень трудно было взяться, почувствовать в руках части человеческого тела... Особенно тяжело было смотреть на трупы детей... Одного мне самому пришлось выносить. Совсем маленького, грудного ребенка, примерно трех-четырех месяцев. Было очень трудно все это воспринять. Я до этого мертвых детей никогда не видел. А у самого — трое. Младший примерно того же возраста...

У меня даже руки затряслись. Но вроде неловко звать кого-то на помощь. Пришлось самому вытаскивать его из-под вагона, брать на руки, нести. Тяжело, даже не то слово... Там идти-то всего... Несколько раз останавливался. Приходилось класть его на землю, завернутого в тряпку какую-то, какая под руку попалась. Очень трудно было. И не только морально, физически трудно было. Как ослабел вдруг. Хорошо тут ребята подошли, положили его на носилки, укрыли и унесли...»[1]

Воспоминания одного из сержантов, работавших на месте катастрофы: «Когда ехали на место аварии, я все пытался себе представить — как все это будет выглядеть? Первый труп сильного впечатления на меня не произвел, я его как бы издалека видел. Потом мы прошли по лесу. „Акклиматизировались“... Думаю, нас специально по лесу провели, чтоб мы немного попривыкли... Со мной были еще три молодых солдата. И вот первый труп, как бы в воронке такой неглубокой. Я спокойно к нему подошел. Солдаты рядом стояли. Видно было, что им не по себе. Да и мне было не по себе, но выбирать не приходилось... Пришлось взяться за труп первым. Не хотелось, конечно, но выбора не было. Молодые, ведь только прибыли. Перед тем как начать работать, я им просто сказал: „Мужики, за нас этого никто не сделает. Мы — единственные, кто это будет делать. Поэтому, хочешь — не хочешь, надо“. Сначала я, правда, сам себе это сказал, а потом уже им. Ну а когда сказал, по-другому уже было нельзя... Самое тяжелое, когда тащил первый труп. Я его из воронки вытаскивал. А там галька или щебенка. Поскользнулся и чуть было на труп не лег. Было такое ощущение, что меня сейчас не просто вырвет, а вывернет всего. Уже и в горле стояло... Но как-то стыдно стало. Скажут молодые: „Сержант — слабак“. А мне их учить еще полгода. Я отполз, потный был, отдышался, надел респиратор. Потом взялся за труп и вроде никаких ощущений особых не было. Как бы выключился. Только потом, когда несли, очень тяжело было переносить трупный запах. Или это не трупный был, а горелого мяса? Не знаю. Ребят послабее я вперед поставил, чтоб не видели, что несут...»[2]

Утром 4 июня была объявлена мобилизация всех врачей города. Начальник управления здравоохранения Дими Чанышев обратился по радио с просьбой помочь в оказании помощи пострадавшим. На помощь медикам пришли воины-

---

[1] Цит. по: *Решетников М. М.* Уфимская катастрофа: особенности состояния, поведения и деятельности людей. http://www.psyinst.ru/library.php?part=article&id=735 (дата обращения 07.12.2009).

[2] Там же.

интернационалисты. «Афганцы», имевшие фронтовой опыт, приходили на самые тяжелые участки работы — туда, где порой не хватало выдержки даже у опытных медиков. Трупы погибших не помещались в уфимском морге, их вынуждены были складывать в машинах-рефрижераторах.

В штабе по ликвидации последствий катастрофы ежечасно вывешивались отпечатанные на машинке уточненные списки пострадавших и погибших. Тем временем в аэропорт Уфы со всего Советского Союза постоянно прибывали самолеты с родственниками погибших и пострадавших. Многие из них приехали уже после того, как их родные и близкие скончались в уфимских больницах. Погибло около шестисот человек, примерно столько же стали инвалидами, получив сильнейшие ожоги.

Как установило следствие, взорвавшийся на железнодорожном перегоне газ просочился из поврежденного газопровода «Западная Сибирь — Урал — Поволжье», который расположен почти в 900 метрах от железной дороги. Утечка началась из-за трещины, нанесенной газопроводу за четыре года до катастрофы, в октябре 1985-го, ковшом экскаватора. Скопление газа шло не менее двадцати дней. По итогам разбирательства, которое продолжалось шесть лет, было предъявлено обвинение девяти должностным лицам, двое из которых подлежали амнистии.

Здесь не было диверсии. Была чудовищная случайность, которая вошла в историю как одна из крупнейших техногенных катастроф Советского Союза.

Человеческий фактор: во всем виноваты погибшие

Самым известным и любимым в Советском Союзе фильмом про авиацию стал, пожалуй, «Экипаж» Александра Митты с Георгием Жженовым в роли командира воздушного судна Ту-154. Вышедший на экраны в 1980 году фильм был советским ответом Голливуду, где после экранизации знаменитого романа Артура Хейли «Аэропорт» тема авиакатастроф обрела большую популярность. В жанре фильма-катастрофы попробовал свои силы и советский режиссер и снискал несомненный успех — его «Экипаж» стал лидером проката, его посмотрели более семидесяти миллионов зрителей, у кинотеатров, где шел фильм, выстраивались длинные очереди. По сюжету экипаж советского лайнера совершает рейс в пострадавший от землетрясения город Бидри. Самолету, на борту которого находится много раненых во время стихийного бедствия, приходится подниматься в воздух с разрушенной взлетной полосы, и при взлете воздушное судно получает повреждения — из-за трещины в фюзеляже происходит разгерметизация салона. Экипаж Ту-154 проявляет беспримерный героизм, сажая аварийный самолет в Шереметьево. Этот фильм стал настоящим гимном одной из самых мужественных профессий в мире, он воспевал советских летчиков, которые преодолевают самые тяжелые обстоятельства, спасают самолет и пассажиров, когда, казалось бы, катастрофа неизбежна. Таким, как все мы хорошо помним, и было отношение к летчикам в СССР.

Сегодня в подавляющем большинстве случаев главной причиной авиакатастроф объявляется «человеческий фактор». Когда в России случается новая беда — гибнет самолет, то можно с огромной долей уверенности предсказать, что виновниками катастрофы будут объявлены летчики, которых все чаще представляют как специалистов с недостаточной профессиональной подготовкой. Из-за ошибок пилотов якобы происходит не менее восьмидесяти процентов катастроф. Самый свежий пример — катастрофа Су-27 в Жуковском летом 2009 года, когда погиб командир «Русских витязей» Игорь Ткаченко. Причиной гибели летчика-аса также объявлен «человеческий фактор».

Вообще обвинить погибших — самое простое решение. Они уже ничего не скажут в свое оправдание. Это гораздо проще, чем, например, искать причину трагедии в недостатках авиационного двигателя и воздушного судна. Если не «списать» на покойных, то под суд пойдут живые, — а это искалеченные судьбы, скандалы, удар по репутации авиакомпаний и производителей авиационной техники, финансовые потери, словом, одни издержки и нервотрепка.

Считается, что человек чаще «дает сбои», чем техника. Например, после катастрофы авиалайнера А310 авиакомпании «Сибирь» в Иркутске, где самолет при посадке съехал с взлетно-посадочной полосы, пробил бетонный забор, врезался в гаражи и загорелся, Международный авиационный комитет назвал причиной трагедии «*ошибочные и бесконтрольные действия экипажа*». По заключению МАК, «командир воздушного судна при управлении реверсом правого двигателя непроизвольно и бесконтрольно переместил рычаг управления тягой левого двигателя, реверс которого был деактивирован, из положения „малый газ" в положение значительной прямой тяги. Имея достаточный резерв времени на распознание сложившейся ситуации, экипаж не принял необходимых мер по переводу левого двигателя на малый газ или выключению двигателя». То есть, проще говоря, не было другой причины, кроме непрофессиональных действий летчиков — не перевели двигатель на «малый газ», «проспали»… А легендарный летчик Анатолий Квочур компетентно утверждает, что экипаж просто не мог избежать катастрофы: «В таких случаях происходит резкий и мощный рывок в сторону отказавшего двигателя. Если полоса мокрая, то снижается коэффициент сцепления колес. И летчики оказались в условиях, когда они уже не могли повлиять на процесс». Характерно, что в своем заявлении МАК совершенно не затронул вопросов, связанных с плохими метеоусловиями в аэропорту и состоянием взлетной полосы на момент посадки. Почему-то эта версия даже не обсуждается…

Генерал-лейтенант Виктор Николаевич Сокерин, заслуженный военный летчик России, размышляет: «…сложнейший, исключительно индивидуальный процесс практического летного обучения невозможен без „издержек". Будучи заместителем командира полка по летной подготовке (1986–1988 годы), я доводил до сведения пилотов многочисленные телеграммы (за неделю приходило несколько десятков листов). В них, к примеру, сообщалось, что курсант такого-то летного училища, в нарушение задания на полет, отрабатывая технику пилотирования в зоне по упражнению №.., намеренно снизился с заданной высоты.., уклонился от центра зоны на… километров и, летая на уровне заборов над родной деревней, до смерти перепугал и разогнал стадо коров, стаи гусей и кур, а также, заодно, и население. И только его отец догадался, что „это Ванька наш летает!" Повествовалось и о том, как взлетевший с одного из аэродромов Крыма и следовавший на авиаремонтный завод в Калининград самолет Ту-22М был „изловлен" и посажен в Забайкалье. Хотя (по записи бортового магнитофона) уже вскоре после взлета и набора заданного эшелона второй пилот — молодой лейтенант — спрашивал: „Товарищ командир, мы летим утром и с востока на запад, солнце должно быть сзади, а оно светит нам в лицо?" На что ему штурман экипажа ответил: „По маршруту нас ведет АБСУ" (автоматическая бортовая система управления), а командир экипажа добавил: „Сиди и не вникай… „астроном" нашелся!" Хотя „астроном", во-первых, обязан „вникать" по своим функциональным обязанностям, во-вторых, был абсолютно прав, так как АБСУ „вела" машину с ошибкой на 180 градусов, которую штурман сам и ввел перед взлетом. А как вам понравится такой случай. Выполнявший в составе экипажа первый вылет на самостоятельное бомбометание штурман, лейтенант такой-то, по пути на полигон решил еще раз потренироваться, для чего хотел выполнить тактическое (т. е. условное, без сброса) бомбометание по хорошо видимой и находящейся точно на линии пути деревенской церкви, но, увлекшись, нечаянно нажал кнопку боевого сброса, в результате чего на дрова разнес стоявший вблизи храма сарай. Выкатывания с ВПП на взлете и после посадки; порывы авиашин; посадки с большими перегрузками, от которых стойки шасси „вылезали" сквозь крылья; „срубленные" в полете кроны деревьев (столбы и заборы на рулении); внеполигонное применение оружия; „козлы" при приземлении с разрушением самолетов; посадки до ВПП и с большими перелетами оной; ошибочные действия с оборудованием кабин; особые случаи в полетах, связанные с отказами авиационной техники; столкновения с птицами и с осколками боеприпасов при боевом применении на полигонах; неправильные и ошибочные действия групп руководства полетами и групп обеспечения полетов; появление на ВПП животных, техники и „зевак" во время полетов — все это (и многое другое) было в телеграммах, которые оперативно направлялись во все авиационные полки. Как правило, телеграммы заканчивались требованиями о том, что данная информация должна быть доведена всему летному составу до начала очередных полетов, со всем летным составом должны быть проведены дополнительные занятия, тренажи, зачеты по знанию разделов НПП (Наставление по производству полетов), ОПП (Основные правила полетов), НШС (Наставление по штурманской службе), Инструкции экипажу самолета, Инструкции полигона, других многочисленных руководящих документов, с записью в журналы, а то и в летные книжки. Все это нужно было повторно провести с теми, кто был в отпусках, командировках, госпиталях и т. п.»[1].

Понятно, что человеку свойственно ошибаться. Очевидно и то, что в постсоветские времена и качество подготовки летного состава, и состояние авиационной техники находятся далеко не на должном уровне. Все это так...

Однако совершенно очевиден парадокс ситуации, при которой безопасность авиационной техники сертифицирует тот же орган, который затем занимается и расследованием происшествий, — Международный авиационный комитет (МАК), который был создан в 1991 году на основании межправительственного соглашения, участниками которого являются 12 бывших республик СССР. Комитет выдает сертификаты на воздушные суда, их двигатели и комплектующие, произведенные как в странах — участницах соглашения, так и в других государствах и используемых на территории стран — участниц соглашения. Кроме того, в полномочия МАК входит сертификация аэродромов и аэродромного оборудования, авиакомпаний и диспетчерского оборудования. Одновременно с этим МАК — единственный орган, уполномоченный проводить расследования авиапроисшествий и катастроф на территории стран-участниц СНГ.

---

[1] *Сокерин В. Н.* Катастрофы в ВВС: Почти всегда виноват экипаж // Независимое военное обозрение. 2000. 22 окт.

Разве можно вообразить ситуацию, чтобы специалисты МАКа по итогам расследования признали, что это именно они стали косвенными виновниками катастрофы, сертифицировав небезопасную технику?..

И все-таки очень жаль, что про наших современных летчиков никто не снимет такого фильма, каким тридцать лет назад был «Экипаж».

Птичку жалко. А людей?..

15 января 2009 года весь мир облетели кадры, как направлявшийся рейсом 1549 из нью-йоркского аэропорта Ла-Гуардиа в город Шарлотт пассажирский лайнер А-320 авиакомпании US Airways совершил аварийную посадку на Гудзоне. Эта посадка, выполненная с ювелирной точностью, напоминала сцену из героической киноэпопеи. Мастерство экипажа не могло не вызывать самого искреннего восхищения, а командир А-320, бывший военный летчик Чесли Салленбергер стал настоящим национальным героем Америки. Он даже получил личное приглашение на инаугурацию нового президента страны Барака Обамы.

...Буквально через несколько минут после вылета командир А-320 сообщил диспетчерам о столкновении со стаей диких гусей... Первоначально экипаж планировал дотянуть до расположенного по пути следования самолета аэропорта Тетерборо в соседнем штате Нью-Джерси.

Попадание птиц в двигатели самолета хотя и не входит в число главных причин авиакатастроф, но все-таки является достаточно распространенной в летной практике нештатной ситуацией. Об этой опасности хорошо знают все летчики. Только лишь российские самолеты, по статистике, сталкиваются с птицами от 50 до 70 раз в год. Например, недавно, в декабре 2008 года, при заходе на посадку в аэропорту Джона Кеннеди «Боинг 767» российской авиакомпании «Аэрофлот» столкнулся с птицами, и, хотя посадка произошла в штатном режиме, после осмотра лайнера выяснилось, что необходимо менять лопасти двигателя. Иногда эти «птичьи» ЧП заканчиваются трагедией — 8 января 2005 года в Уганде после столкновения со стаей птиц разбился самолет Ан-12 частной авиакомпании с российским экипажем, в этой катастрофе никто не выжил...

Поэтому только лишь на первый взгляд может показаться курьезным судебное разбирательство между «Аэрофлотом» и аэропортом Шереметьево, начавшееся после того, как 23 августа 2000 года Ил-96 во время посадки столкнулся со стаей чаек. Птицы попали сразу в четыре двигателя самолета. Аварии удалось избежать, потому что столкновение произошло, когда шасси самолета уже коснулись взлетной полосы. Но «Аэрофлот» оценил свой ущерб в 180 тысяч долларов. Суд принял сторону авиакомпании, которая была возмущена низким качеством орнитологического обеспечения безопасности полетов в Шереметьево.

Казалось бы, совершенно невероятно, чтобы маленькая птаха «сбила» могучий лайнер. Но, по расчетам специалистов, птица наносит удар по самолету, летящему со скоростью 700 километров в час, в три раза сильнее, чем снаряд. «Птичьи» тараны на высоте не происходят, пернатые камикадзе преграждают путь лайнеру лишь при взлете или посадке. Кстати, новые воздушные суда в числе прочих испытаний подвергают в обязательном порядке и испытаниям на столкновение с птицей. Для этого на специально оборудованных стендах самолеты «обстреливают» птичьими тушками. В крупных аэропортах для обеспечения орнитологической безопасности используют хищников — соколов и ястребов, которые отгоняют подальше от взлетной полосы всех других птиц, а также ставят у «взлетки» акустические системы, издающие птичьи «крики бедствия». Применяются также пиротехнические средства, отпугивающие птиц громкими хлопками и вспышками. Для разных аэропортов России определены наиболее опасные с точки зрения орнитологии времена года — в Домодедово это апрель—октябрь, в Шереметьево — июнь—июль и октябрь, а садящиеся в Пулково самолеты больше всего рискуют пострадать от птиц с июля по сентябрь.

Пилот Чесли Салленбергер впоследствии признался, что когда двигатели лайнера отказали, он слабо верил в то, что ему удастся посадить самолет.

— Вы можете вернуться обратно в аэропорт? — спросил у Салленбергера диспетчер.

— Нет. Мы сейчас упадем в Гудзон... — невозмутимо ответил летчик.

Чтобы избежать падения на жилые дома, он принял решение садиться на воду. Ширина Гудзона в этом месте составляет около 600 метров и вполне может сойти за взлетную полосу...

Посадку лайнера назвали «чудом на Гудзоне». Все 150 пассажиров остались живы, лишь несколько человек получили незначительные травмы и переохлаждение. Из салона, который стал быстро заполняться водой, люди выбрались на крылья самолета. Спустя несколько минут после приводнения к лайнеру подошли спасательные катера и паромы, принявшие на борт пассажиров.

Удивительно, что всего лишь спустя месяц после счастливой посадки А-320 практически аналогичный случай был отмечен в Австралии. Здесь пилоту Стиву Болу удалось посадить на воду недалеко от портового города Дарвин легкомоторный самолет, на борту которого находилось шесть человек. ЧП произошло почти сразу после взлета: у самолета заглох двигатель, и пилот принял решение приводниться.

Чудо на Неве

«Чудо на Гудзоне» — не первый подобный случай в истории авиации.

Американскому пилоту Чесли Салленбергеру, скорее всего, не знакомо имя Виктора Мостового, но именно этому советскому летчику выпала честь стать первым командиром воздушного судна, совершившего посадку на воду.

21 августа 1963 года самолет Ту-124 совершал рейс по маршруту Таллин — Москва. Поднявшись в воздух, экипаж обнаружил, что носовая стойка шасси застопорилась в полуубранном состоянии. Советские авиаторы знали, что предназначенная для авиалиний малой и средней протяженности новая туполевская машина, введенная «Аэрофлотом» в эксплуатацию только год назад, — еще «сырая», имеет массу недоделок. И командиру экипажа Виктору Яковлевичу Мостовому пришлось в этом убедиться.

Мостовой доложил о неисправности диспетчеру. У экипажа был выбор: либо возвращаться в Таллин, либо идти на аварийную посадку в ленинградском Пулково. Было принято решение сажать самолет в Ленинграде.

Впоследствии экспертиза выявила неисправность в узле, который связывает носовую стойку шасси с механизмом подъема, но в воздухе было невозможно предсказать, как поведет себя машина при посадке. Нельзя было исключать и катастрофический сценарий...

А в аэропорту Пулково уже начали готовиться принять аварийный самолет на грунтовую полосу. Сюда оперативно подтянули пожарные расчеты и бригады «скорой помощи».

Для того чтобы посадка «на брюхо» не привела к взрыву, руководитель полетов аэропорта Пулково Георгий Нарбут дал экипажу приказ вырабатывать топливо. Опустошая баки, борт начал «нарезать круги» над Ленинградом.

В те годы еще не были запрещены полеты над Ленинградом на высоте около 400 метров, и поэтому горожане с любопытством смотрели на круживший в полуденном небе над улицами северной столицы красавец-лайнер. И никто не знал, что этот самолет попал в беду и готовится к аварийной посадке.

Неожиданно диспетчеры услышали тревожное сообщение экипажа Ту-124 о том, что горючее полностью выработано и его запаса уже не хватает, даже чтобы зайти на посадку в Пулково. Перед этим самолет пошел на очередной круг, чтобы сжечь резервный запас — тонну горючего, но получилось, что экипаж не смог правильно рассчитать расход топлива, и теперь самолет мог упасть на жилые дома.

С каждой минутой ситуация становилась все более критической. Под угрозой оказались жизни не только сорока четырех пассажиров, но и многих горожан, которые могли оказаться под обломками рухнувшего на Ленинград самолета. Под крылом проплывал купол Исаакия, можно было хорошо различить ярко одетую толпу прохожих на Невском проспекте, витрины магазинов и афиши на стенах. Как на ладони, лежал внизу Ленинград. Один за другим заглохли двигатели… Горючее кончилось именно в тот момент, когда самолет пролетал над Смольным. Теперь оставался только один шанс спастись — посадить самолет на Неву.

Виктор Мостовой велел экипажу идти в салон и, насколько возможно, успокоить пассажиров. Лайнер пронесся примерно в пяти метрах выше строящегося моста Александра Невского и, едва не накрыв брюхом ползущий по Неве буксир, стремительно приближался к Финляндскому железнодорожному мосту… Виктор Мостовой отчетливо понимал, что столкновения с мостом избежать уже практически невозможно. Именно в эти мгновения в шевелюре 27-летнего летчика появилась первая седина…

Но вот самолет коснулся хвостом воды, лег на брюхо, подняв фонтаны брызг, и после нескольких «нырков» поплыл по водной глади, точно огромный кашалот. От удара о воду согнулось крыло. Всего лишь сотня метров отделяла фюзеляж Ту-124 от опор Финляндского моста.

После приводнения возникла опасность, что самолет сразу же уйдет на дно, а глубина Невы в этом места составляла около 13 метров. Но на помощь воздушному судну пришел тот самый старый буксирчик, который самолет чуть было не зацепил при посадке. Капитан буксира Юрий Поршин подвел свое суденышко вплотную к самолету и крикнул экипажу: «Как вас зацепить?» Летчики посовещались и, разбив колпак кабины, зацепили переброшенный с буксира трос за штурвалы. Лайнер отбуксировали к причалу у завода «Северный пресс», где вдоль берега стояли плоты, на которые самолет «оперся» крылом, образовав подобие трапа. Выбравшись через верхний люк, пассажиры по крылу шли к берегу... Посадка произошла так быстро, что они даже не успели осознать весь ужас этого полета над невскими мостами.

Сотни прохожих стояли вдоль набережных, наблюдая за фантастическим зрелищем. Когда из самолета показался Виктор Мостовой, кто-то крикнул:

— Еще один Чкалов объявился!

Приветствуя спасенных, ленинградцы аплодировали и кричали «ура». Все пассажиры были живы и невредимы... Речники встречали их на берегу, а милиционеры пытались разогнать толпу, которая все прибывала. К набережной подъехал автобус, на котором пассажиры несчастливого рейса, так и не успев опомниться от пережитого шока, уехали в Пулково.

Подоспевший пароход стал откачивать воду из наполовину затопленного салона, но затея не увенчалась успехом — за ночь Ту-124 полностью затонул. На следующий день самолет подняли с помощью понтонов и отбуксировали к Шкиперскому протоку. Осмотревшая лайнер комиссия решила списать воздушное судно. От корпуса самолета отрезали кабину, которую отправили в авиашколу в качестве тренажера. А фюзеляж еще долго валялся на берегу, пока его не разрезали на куски и не сдали в металлолом...

Командир корабля Виктор Мостовой за посадку самолета на Неву был награжден орденом Красной Звезды, а остальные члены экипажа — медалями.

Многие старожилы Ленинграда до сих пор помнят этот августовский день 1963 года, когда по невской глади плыл серебристый лайнер.

Скниловская трагедия

Субботним утром 27 июля 2002 года на армейском аэродроме Скнилов, под Львовом, началось авиашоу, посвященное 60-летию 14-го авиационного корпуса, дислоцированного на западе Украины.

Авиационное шоу — событие всегда очень зрелищное и увлекательное. Подобные праздники никогда не обходятся без фигур высшего пилотажа.

В этот день особенно стремились побывать на аэродроме мальчишки, которым родители пообещали, что они смогут посидеть в настоящих боевых самолетах. Программу авиашоу открыл легкий самолет Ан-2, который, кружась над взлетно-посадочной полосой, сбрасывал парашютистов. Затем фигуры высшего пилотажа показали спортивные Яки-52.

Но «гвоздем программы» должны были стать боевые машины... Зрители с ликованием восприняли объявление диктора о том, что истребитель-бомбардировщик Су-27, вылетевший с места своей дислокации в поселке Озерном Житомирской области, в эти минуты уже приближается к аэродрому Скнилов.

И вот, грозно сверкая в утренних солнечных лучах, могучий красавец Су, пилотируемый летчиком-испытателем первого класса Владимиром Топонарем и летчиком первого класса Юрием Егоровым из группы «Украинские соколы», на малой высоте прошел над «взлеткой». Владимир Топонарь был обладателем наград многих престижных авиашоу, он освоил семь типов воздушных судов и имел общий налет 1900 часов. Еще больше налета было на счету Юрия Егорова — 2000 часов в воздухе. Оба они — талантливые и опытные летчики. Про таких асов обычно говорят, что они не работают, а живут в небе.

Самолет стремительно набрал высоту и, не меняя направления движения, «завалился» набок, выполняя фигуру высшего пилотажа, которая называется «бочкой». Затем пилоты развернули самолет и перешли в крутое пике, вновь приближаясь к летному полю.

Когда самолет стремительно приближался к земле, восхищенные зрители, затаив дыхание, начали аплодировать. Они думали, что это головокружительный трюк асов-летчиков. На самом деле на их глазах началась авиационная катастрофа.

«Черный ящик» зафиксировал происходившие в эти трагические минуты переговоры экипажа с землей:

12:43:43. Топонарь: «Где зрители, на х...?»

12:43:48. Егоров: «Не знаю, где они бл...?!»

12:43:49. Топонарь: «А, вон, вижу». Егоров: «... твою мать...! С правой стороны нет!»

12:43:54. Топонарь (земле): «Пилотаж влево выполняю». Егоров: «Ну что, пошли?!»

12:43:58. Команда с земли: «Влево, влево!»

12:44:14. Егоров: «Включай!»

12:44:34. Егоров: «Пошли».

12:44:36. Сигнал о снижении на опасную высоту.

12:44:39. Егоров: «Бочка».

12:44:44. Егоров: «Хватит — угол».

12:44:51. Голосовой информатор: «Борт 42, скорость предельная».

12:44:58. Егоров: «Поворачивай». Голосовой информатор: «Борт 42, предельный угол атаки, предельная перегрузка».

12:45:01. Команда с земли: «Поворот».

12:45:02. Егоров: «Выворачивай еб...!»

12:45:05. Команда с земли: «Выводи!»

12:45:07. Команда с земли: «Выводи, добавь обороты!»

12:45:10. Команда с земли: «Форсаж». Голосовой информатор: «Предельный угол атаки, предельная перегрузка».

12:45:11. Команда с земли: «Добавь обороты!»

12:45:18. Остановка магнитофона.

Пилотам уже не хватало высоты, чтобы поднять машину в небо. И хотя «речевой информатор опасных ситуаций» (на авиационном сленге называемый «Ритой») женским голосом предупреждал о нештатном режиме, рули уже потеряли эффективность, самолет был неуправляем. У самой земли Су-27 задел крылом сначала кроны тополей, потом МАЗ-топливозаправщик, а за ним — стоящий на поле Ил-76, который был выставлен для осмотра. Как потом выяснилось, в самолете Ил-76 в этот роковой момент находились родители с детьми...

Зрители внезапно увидели раскрывшиеся купола парашютов — это катапультировались пилоты. Как потом оказалось, оба летчика получили травмы позвоночника.

Уже без летчиков самолет пересек вторую рулежную дорожку, врезался носом в землю и взорвался, накрывая своими горящими обломками зрителей авиашоу.

Крики ужаса заглушили даже грохот погибающего самолета.

Осколки самолета летели в толпу, шинкуя человеческие тела, отрывая головы, руки, ноги... Выжившие свидетели катастрофы потом рассказывали, что их буквально облило кровью, точно хлынувшей на берег морской волной.

Милиционерам с трудом удалось «живой цепью» отгородить охваченную паникой толпу от обломков истребителя, накрывшего собой несколько десятков человек. Родители, забыв о собственной безопасности, метались в поисках пропавших детей, пытались прорваться к горящему самолету.

Этот день до сих пор не могут забыть врачи реанимационного отделения Львовской городской больницы скорой помощи. С армейского аэродрома к ним доставляли людей в тяжелейшем состоянии, с черепно-мозговыми травмами и искалеченными конечностями, а те из них, кто находился в сознании, были охвачены смертельным ужасом. В общей сложности в Скнилове погибло более 80 человек.

В последующие дни возле больниц и моргов Львова выстраивались в очередь люди, которые искали своих пропавших родных и друзей. Отыскать их было трудно, ведь многие трупы оказались изуродованными до неузнаваемости. Аэродром был усеян «фрагментами тел». Опознать многих погибших было невозможно, а личные документы имелись далеко не у всех.

Когда летчиков Топонаря и Егорова выписали из реанимации, они сказали, что не имели ни малейшей возможности предотвратить трагедию. Понятно, что у тех людей, которые потеряли во время катастрофы Су-27 своих родных и близких, вызывает негодование тот факт, что сами пилоты катапультировались и остались живы. Однако если не идти на поводу у эмоций, то важнее всего понять, почему же летчики высочайшей квалификации, управляя исправной машиной, допустили падение самолета в толпу зрителей.

Пилотам было поставлено в вину допущенное ими отклонение от полетного задания. На это обвинение Топонарь и Егоров отвечали следователям, что данное им полетное задание оказалось невыполнимым в принципе. По их словам, уже в воздухе они обнаружили, что им выдали неверные полетные карты, сильно отличавшиеся от той картины, которую они увидели с борта истребителя. Например, на картах неправильно были отмечены места расположения зрителей и летного поля. Именно поэтому летчики в последний момент самостоятельно вынуждены были корректировать маршрут Су-27.

В цепи обстоятельств Скниловской трагедии немаловажное значение имеет и такой факт. Участвовавшие в авиашоу самолеты должны были накануне совершить тренировочный вылет, чтобы пилоты, выполняя фигуры высшего пилотажа, могли свободно ориентироваться над аэродромом. Перед авиашоу в Скнилове это условие не было выполнено. Очевидно, на тренировочный полет пожалели топливо. Банально и просто... В итоге — Топонарь и Егоров, как это видно на расшифровке записей «черного ящика», находясь над незнакомым полем, в недоумении спрашивали: «Где зрители?» Они элементарно не могли сориентироваться, где зрительские трибуны, а где летное поле...

С другой стороны, гибели людей вполне можно было бы избежать, если бы организаторы авиашоу в Скнилове разместили зрительные трибуны на безопасном расстоянии от летного поля. Самолет показывал фигуры высшего пилотажа буквально над их головами. Даже если пилоты и совершили роковую ошибку, то само место расположения трибун должно было обезопасить зрителей.

Еще одной версией трагедии в Скнилове стал одновременный отказ двух двигателей самолета. Однако версия выглядит «хлипкой». Установленные на самолете Су-27 турбореактивные двухконтурные двигатели с форсажной камерой АЛ-31Ф уже десятки лет эксплуатации во многих странах мира и в самых разных климатических условиях всегда проявляли себя как исключительно надежные. Случаев одновременного отказа сразу двух двигателей за все время эксплуатации этого типа самолета не было ни одного.

НЛО над взлетной полосой

Летчик-истребитель первого класса Марина Лаврентьевна Попович заявила, что она не совсем согласна с обвинением, выдвинутым против украинских летчиков: «Когда восстановили записи, сохранившиеся в черном ящике, то оказалось, что трагедия произошла из-за того, что две секунды абсолютно здоровые летчики экстра-класса не прикасались к рычагам управления. Две секунды для пилотов такого уровня — очень много. Это означает, что реакция была заторможена в пять раз по сравнению с обычной. А на таких авиашоу, наоборот, происходит обострение скорости реакции». Посмотрев видеозапись гибели Су-27, Марина Попович, в частности, рассказала: «На экране отчетливо видно, что в последние секунды полета что-то находилось около самолета. При большом увеличении кадра можно было различить, что какие-то шесть странных образований сошлись вместе на самолете, а потом рухнули вместе с ним. Они-то и вызвали заторможенность в действиях пилотов, что и привело Су-27 к катастрофе».

Уфологи говорят, что у многих «контактеров», имевших опыт общения с представителями внеземных цивилизаций, наступают странные состояния, напоминающие паралич: они все видят, все осознают, но не могут пошевелиться. Действительно, большинство людей, которые, согласно их утверждениям, встречались с представителями внеземных цивилизаций, отмечают, что в минуты этого контакта они впадали в странное состояние подавленности и заторможенности. Во многих случаях близость НЛО вызывает у людей чувство панического страха, иногда потерю дара речи и возможности шевелиться.

Уфологи предполагают, что это оцепенение вызывается неизученным излучением, исходящим из НЛО. Например, в августе 1979 года польский рыболовецкий катер «Хель-127», находясь в море недалеко от полуострова Хель, оказался вблизи плывущего по воздуху шарообразного огненно-красного пульсирующего объекта. Шкипер катера Шомборг ощутил странное оцепенение, боль в грудной клетке и даже стал слепнуть. Рулевой Эльварт тоже испытал состояние оцепенения и даже бросил штурвал. Странный шар сопровождал катер в течение двадцати минут, потом исчез, но члены команды еще долго находились в состоянии заторможенности, словно бы паралича, и не могли управлять судном[1].

Может быть, летчики Су-27, оказавшись вблизи неизвестных летательных объектов, не смогли избежать катастрофы, так как оказались в состоянии полной заторможенности?..

По крайней мере, летчик Марина Попович уверена, что именно НЛО стал виновником Скниловской трагедии.

База Рамштайн, разноцветное небо

Трагедии на авиашоу происходили и раньше.

В 1988 году офицеры авиабазы Рамштайн, являющейся опорным пунктов ВВС США на территории Германии, решили устроить своего рода «день открытых дверей», пригла-

[1] http://www.ufolog.ru/articles/detail.aspx?page=1&id=3327 (дата обращения: 07.12.2009).

сив жителей этого небольшого немецкого городка на парад военной техники. Американцы решили «задобрить» горожан, которые часто выказывали недовольство соседством с натовской базой. Людей пугали постоянно проносящиеся над их головами на бреющем полете истребители… На приглашение посетить авиашоу откликнулись не только жители Рамштайна, сюда ясным воскресным днем 28 августа стали съезжаться гости из Мюнхена, Штутгарта и Западного Берлина. Всего собралось порядка 350 тысяч зрителей, которые гуляли под музыку духовых оркестров, ели пожаренные на свежем воздухе сосиски, пили пиво. После парада военной техники начались выступления летчиков, которые показывали фигуры высшего пилотажа. Принимавшая участие в шоу итальянская пилотажная группа на истребителях «Аэр Маччи МБ 339 А» должна была раскрасить небо разноцветными газовыми струями. От устремившихся ввысь пятнадцати самолетов потянулись, точно праздничные ленты, красные, синие, зеленые, желтые струи… Разделившись на две группы, самолеты устремились навстречу друг другу. Случившееся в следующую минуту заставило многотысячную толпу оцепенеть. Не выдержав дистанцию, три самолета зацепили друг друга, и один из них, перевернувшись в воздухе, рухнул недалеко от трибуны почетных гостей. Обломки горящего истребителя разлетелись вокруг, убивая и калеча обезумевших от страха людей. Причем организаторы авиашоу даже не позаботились о том, чтобы обеспечить дежурство бригад «скорой помощи». В первый день трагедии из 345 раненых погибло 35 человек, а в течение следующих суток от ран и ожогов скончалось в общей сложности 70 человек.

Украинский «подарок»

Менее месяца прошло с того дня, когда совершенный 11 сентября 2001 года «Аль-Каидой» террористический акт в Нью-Йорке открыл новую эпоху мировой истории. Весь мир в священном ужасе наблюдал за пылающими башнями-близнецами Всемирного торгового центра, в которые врезались захваченные смертниками самолеты.

Страх перед новыми терактами, казалось, охватил все человечество.

На фоне этой глобальной тревоги любое авиационное происшествие рассматривалось с точки зрения вероятного террористического акта, и трагедия, случившаяся 4 октября 2001 года в небе над Черным морем, на первый взгляд давала все основания говорить о новой атаке террористов.

Самолет Ту-154 с бортовым номером 85693 авиакомпании «Сибирь» выполнял рейс из аэропорта Бен-Гурион в Тель-Авиве в Новосибирск. Из 66 пассажиров этого рейса 15 человек были гражданами России, остальные — израильтяне. В самолете также находился заместитель генерального директора компании «Сибирь» Виктор Алексеев, летевший с инспекционной поездкой.

В 13 часов 39 минут штурман Ту-154 Константин Ревтов вышел на связь с ростовскими авиадиспетчерами и доложил: самолет идет на эшелоне 11 тысяч метров, отклонений от маршрута нет. Голос штурмана был спокоен. Практически сразу после сеанса связи самолет пропал с радаров.

Примерно через три минуты командир самолета Ан-24, летевшего с Ту-154 параллельным курсом, сообщил диспетчерам, что слева от него произошел мощный взрыв, после которого неизвестный самолет потерял управление и упал в море. Впоследствии пилот третьего класса Давид Саргасян рассказал: «Точный момент взрыва никто из нас не засек, потому что нужно было следить за своими приборами. Внезапно кто-то крикнул, что впереди — горящий объект. Как потом оказалось, это были обломки самолета. Мы не имели права уходить с заданной высоты, и нам пришлось делать крюк в несколько километров, облетая место катастрофы. Задерживаться мы тоже, по инструкции, не имели права. Оставалось лишь сообщить о происходящем диспетчеру и продолжить полет». Чуть позднее от пилота еще одного самолета Ту-154, также летевшего из Тель-Авива, на пульт диспетчера поступило сообщение, что в 180 километрах юго-западнее Сочи видны плавающие в море обломки самолета.

Стало понятно, что российский лайнер над Черным морем потерпел катастрофу.

Вообще именно с Ту-154, который долгие годы считается самым массовым среднемагистральным российским лайнером, связано наибольшее количество катастроф и происшествий в авиации нашей страны. За почти 30 лет эксплуатации было выпущено около 950 машин этого типа и около 50 из них разбились.

В 14 часов 27 минут в точку катастрофы вылетел вертолет МЧС Ми-8, туда же направился сторожевой пограничный корабль «Гриф». Погода стояла солнечная, и летчики ясно увидели плавающие в море тела погибших, обломки фюзеляжа, куски обшивки, спасательные жилеты, рюкзаки и чемоданы... Катастрофа произошла в небе над Черным морем в 180 километрах от Адлера. Точные координаты места падения лайнера — 42 градуса 11 минут северной широты и 37 градусов 37 минут восточной долготы. Прибывший в 16.20 сухогруз «Капитан Вакула» поднял на борт 13 тел погибших пассажиров и взял курс на Сочинский порт.

В 16 часов началось оперативное совещание президента России В. В. Путина с директором ФСБ Н. П. Патрушевым и министром обороны С. Б. Ивановым, на котором обсуждалась гибель российского лайнера. Владимир Путин предположил, что, возможно, был совершен теракт. «С учетом последних событий в мире версия теракта отрабатывается в первоочередном порядке», — подчеркнул президент. Комиссию по расследованию причин катастрофы возглавил секретарь Совета безопасности России Владимир Рушайло.

Авиакомпания «Сибирь» сделала заявление, что погибший самолет «был одним из лучших в авиапарке компании, он прошел строгий технический контроль» и им «управлял опытный экипаж». Этот Ту-154 был построен в 1991 году и с того времени налетал 16 706 часов, замечаний к нему по качеству технической эксплуатации не было. Аэропорт Бен-Гурион, откуда Ту-154 вылетел в свой последний рейс, — один из самых безопасных в мире, здесь существует великолепная система контроля за пассажирами, и очень трудно допустить, что кто-то мог пронести на борт самолета взрывное устройство. Таким образом, вероятность совершения теракта на борту лайнера представляется весьма низкой. С подачи Израиля была обнародована информация о том, что по пути российский самолет якобы садился в Болгарии в аэропорту Бургаса, где взял на борт еще пятнадцать пассажиров, среди которых теоретически мог находиться террорист. Но болгарские власти факт посадки категорически отвергли.

Уже в первые часы после катастрофы американская телекомпания Си-Би-Эс и французское информагентство Франс-Пресс сообщили, что американским спутником был зафиксирован пуск ракеты над Крымским полуостровом. Это подтвердили и ростовские авиадиспетчеры, которые видели на экранах локаторов яркую точку, приближающуюся к лайнеру. Действительно, в это время на военном полигоне Чауда в районе Феодосии проходили крупномасштабные учения вооруженных сил Украины, на которых отрабатывались учебно-боевые задачи по обнаружению и уничтожению воздушных целей условного противника зенитными комплексами. В частности, осуществлялись боевые пуски ракет зенитно-ракетных комплексов С-200. Стрельбы проходили в районе, где пролегают трассы воздушных судов. В России первым о правдоподобности «ракетной» версии высказался маршал авиации Евгений Шапошников.

Обломки самолета разлетелись в радиусе 25 квадратных километров, а это значит, что разрушаться он начал еще в воздухе. Как заявил Владимир Рушайло, установлено, что самолет разрушился «в результате поражения взрывного характера». Когда из моря выловили фрагмент пилотской кабины, то оказалось, что ее металл поврежден то ли пулями, то ли шрапнелью. Эти улики подтверждали «ракетную» версию гибели самолета, так как ракета комплекса С-200 снаряжается тысячами стальных шариков, которые вылетают при приближении к цели. Эти же шарики были извлечены из тел погибших пассажиров. Ценные комментарии на сей счет были даны представителями НПО «Алмаз», где разрабатывался зенитно-ракетный комплекс С-200, давно уже снятый с вооружения в России, но использующийся Украиной. Специалисты «Алмаза» предположили, что станция наведения комплекса, скорее всего, произвела захват пассажирского лайнера вместо использовавшегося в качестве мишени беспилотного самолета-разведчика «Рейс», чья скорость превышала скорость Ту-154. Поэтому, по предположению ученых, после одного кругового обращения антенны «Рейс» вышел из зоны обнаружения, в то время как российский лайнер все еще продолжал в ней находиться. Это и привело к катастрофе. Скорее всего, по заключению специалистов, ракета не врезалась в самолет, а взорвалась над ним в районе салона первого класса. При этом лайнер разломился пополам, произошел еще один взрыв, и обломки рухнули в море. В крови погибших был обнаружен угарный газ, что свидетельствует о пожаре на борту самолета.

В последние годы запуски ракет на Украине производились достаточно редко — сказывалось отсутствие горючего и боеприпасов. Поэтому некоторые военные эксперты сразу высказали предположение, что выслужившие свой срок ракеты могли давать сбои, в частности, отклоняясь от учебной цели. Все это лишний раз убеждало, что именно украинской «шальной» ракетой и был сбит над Черным морем российский лайнер.

Министр обороны Украины Александр Кузьмук сразу же отверг возможность причастности украинских военных к катастрофе над Черным морем — по его словам, вооружение, которое использовалось в ходе украинских учений, по своим тактико-техническим характеристикам не могло достать коридоров, в которых находились воздушные суда, в том числе потерпевший катастрофу российский лайнер. В то же время премьер-министр Украины Анатолий Кинах заявил, что версия о том, что российский самолет сбили силы ПВО Украины, все-таки имеет право на существование. Премьер не исключил возможность случайного попадания в самолет украинской ракеты. В свою очередь, главком украинских ПВО Владимир Ткачев сказал, что из двадцати трех запущенных во время учений ракет двадцать одна успешно попала в цель, одна самоликвидировалась, и еще одна приземлилась на парашюте. Ни одна из них не могла поразить российский лайнер, утверждал Ткачев, демонстрируя журналистам карту учений украинских ПВО. В ответ на эти заявления министр обороны России Сергей Иванов сказал в интервью, что Владимир Путин совершенно «не удовлетворен» представленной ему информацией о невиновности украинской стороны.

В результате разразившегося скандала министр обороны Украины Кузьмук подал в отставку, но Кучма его отставку не принял… Украинская сторона сделала немало взаимоисключающих заявлений, что говорило, прежде всего, об отсутствии у них четкой позиции по поводу катастрофы над Черным морем. Сначала украинцы вообще отвергали сам факт военных учений в Крыму, позднее Кузьмук сказал, что катастрофа произошла после завершения учений, еще позднее заговорил о применении ракет без боеголовок, а уж затем, после предоставления неопровержимых данных, власти Украины наконец признали, что российский Ту-154 был сбит все-таки украинской ракетой. Для установления точной причины катастрофы понадобилось всего десять дней. После того как в санатории «Крым» в Алуште прошло заседание специальных комиссий России и Украины, секретарь Совета национальной безопасности Украины Евгений Марчук вышел к журналистам и сказал, что у украинской стороны «нет контраргументов» против заключения технической комиссии

России о гибели самолета Ту-154 в результате попадания ракеты.

Понимая, что катастрофа российского лайнера может тяжело ударить по престижу страны и осложнить отношения с Россией, президент Украины Леонид Кучма лукаво-извиняющимся тоном говорил: «Такое случается не только в Украине. Посмотрите вокруг: в мире, в Европе — не мы первые и не мы последние, ошибки встречаются везде».

Гибель Ту-154 над Черным морем — один из примеров того, как отслужившая свой век военная техника может давать сбои и становиться причиной крупных техногенных катастроф.

Последний полет «русского витязя»

Не золоту, а сердцу на потребу —
и не было достойней ремесла —
мою страну воспитывало небо,
и вместе с небом Родина росла.

Феликс Чуев

«Выступление в авиашоу — это творчество, художественное произведение! Каждая фигура — это ум, способности, чувства, эмоции, интуиция каждого из нас. Только летчики знают, насколько сложно стоять на Су-27 в групповом интервале „3 метра на метр" при высоких скоростях — до восьмисот километров в час, а нужно еще выполнять маневры... Тут перемешано все — колоссальная отдача энергии, натянутые нервы, накал страстей, азарт...» — эти слова принадлежат заслуженному военному летчику России, командиру группы «Русские витязи» гвардии полковнику Игорю Ткаченко.

Летчики — люди суеверные. Полковник Ткаченко наверняка знал, что одна из примет — не летать в свой день рождения, а также по возможности избегать полетов по авиационным праздникам. В авиации, как в любой опасной профессии, существует множество добрых и несчастливых примет. Никогда не рвать цветы на аэродроме, не загадывать время возвращения на базу, не использовать слово «последний» (только «крайний» или «завершающий»), не ругать свой самолет (иначе того и гляди возникнут неполадки!), не показывать пальцем в небо (это к нелетной погоде), не фотографироваться перед полетом, не ступать на борт самолета левой ногой — каждый летчик назовет дюжину примет, в которые он верит и которые обещали ему удачу или приносили неприятности. 16 августа 2009 года, когда авиационная группа высшего пилотажа «Русские витязи» выполняла тренировочные полеты перед открытием авиасалона МАКС-2009, отмечался День Воздушного флота России. А в этот день летчики спокойнее себя чувствуют на земле, чем в небе. Это не суеверия, а профессиональные приметы, — утверждают летчики.

И как тут не поверить в приметы, если 16 августа 2009 года в двух катастрофах разбились три российских самолета?

В июле 2009 года Игорь Ткаченко отметил свое 45-летие, а незадолго до открытия традиционного Международного авиакосмического салона в Жуковском он написал рапорт об увольнении. Как оказалось, летчик уходил не только по возрасту. В апреле 2009 года приказом главкома ВВС России известная подмосковная авиабаза Кубинка вместе со своими пилотажными группами «Стрижи» и «Витязи» была включена в состав 4-го Липецкого авиацентра боевого применения и переучивания летного состава Военно-воздушных сил Российской Федерации имени Валерия Чкалова. Поэтому «Русских витязей» должны были в скором времени переводить на новое место базирования в Липецк. Игорь Ткаченко от перевода из Москвы отказался и решил уйти из ВВС. Начальство поставило ему условие: отлетаешь на МАКСе, а потом — уходи.

Полковник Ткаченко был единственным пилотом, летавшим в составе «Русских витязей» с момента создания легендарного авиаотряда. Двадцать лет он занимался высшим пилотажем. В «Русских витязях» Ткаченко служил с 1991 года, а с 2003 года был их командиром и ведущим. Налет Ткаченко составлял 2300 часов, он поднимался в небо на самолетах Л-29, МиГ-21, МиГ-29, Су-27, Су-35.

Авиационные группы высшего пилотажа Военно-воздушных сил в Советском Союзе существовали с конца 1940-х годов. Это были эскадрильи, выполнявшие задачи по демонстрационным полетам на высший пилотаж на боевых самолетах. Элитная пилотажная группа ВВС России «Русские витязи» была создана в апреле 1991 года на базе первой эскадрильи авиаполка в подмосковной Кубинке для демонстрации возможностей многоцелевого фронтового истребителя Су-27. Для «Русских витязей» всегда отбирали самых лучших летчиков страны. Пилотажную группу хорошо знали не только в России, они часто становились участниками авиашоу в разных странах мира. В сентябре 1991 года состоялся визит пилотажной группы в Великобританию, где «Русские витязи» прошли строем в небе над королевской резиденцией, затем последовали показы в других странах, на разных континентах, визиты в США, Канаду и многие европейские страны. В 2006 году состоялся визит в Объединенные Арабские Эмираты, где в небе над Аравийской пустыней «витязи» демонстрировали летное мастерство на самолетах Су-27. Каждый зарубежный визит приносил русским летчикам настоящий триумф. И постоянно «Русские витязи» принимали участие в Международном авиакосмическом салоне в Жуковском. Сегодня он стал самой главной выставкой достижений России как крупнейшей авиационной державы мира, за считанные годы превратился в достойного конкурента салонов в Ле Бурже и Фарнборо. Здесь встречаются для переговоров руководители авиакомпаний, подписываются многомиллионные контракты… Из года в год выступления «Русских витязей» и «Стрижей» традиционно становились одним из самых красочных моментов летной программы авиасалона. Высший пилотаж тяжелых истребителей — зрелище захватывающее. Игорь Ткаченко участвовал во всех авиасалонах в Жуковском, а в 2009 году именно на МАКСе он планировал попрощаться с Военно-воздушными силами.

За два дня до открытия авиасалона, 16 августа 2009 года, пилотажная группа отрабатывала «президентскую программу» — самую зрелищную часть авиашоу для президента Дмитрия Медведева, который собирался прибыть на открытие авиасалона. Тем августовским днем в Жуковском уже вовсю монтировались стенды, в выставочные павильоны подвозилась техника. Шли последние приготовления… За подготовкой следил лично главком ВВС России генерал-полковник Александр Зелин, который стал свидетелем трагедии.

В тренировочном полете принимали участие четверки истребителей МиГ-29 пилотажной группы «Стрижи» и четыре Су-27 «Русских витязей». Примерно в час дня «витязи» стали завершать программу традиционным «тюльпаном» — роспуск истребителей в форме симметрично расходящихся в стороны лепестков. При сближении над поймой Москва-реки в походный строй, которым летчики должны были идти на аэродром базирования в Кубинку, на высоте около 1200 метров в тени кучевого облака произошло столкновение двух самолетов. Су-27 подполковника Виталия Мельника задел самолет командира. При столкновении удар пришелся по кабине, где сидел полковник Ткаченко. Через несколько секунд после столкновения Мельник катапультировался.

Почетный президент авиасалона, заслуженный летчик-испытатель России Магомет Толбоев, ставший свидетелем катастрофы, рассказывал: «Отлетали нормально. Свою программу показали. Потом был роспуск, потом ведомый должен был присоединиться к своему ведущему. Ну, на большой скорости зацепил его, вот и самое страшное, что ведомый катапультировался, а ведущий Ткаченко… погиб... Ведомый отстал от ведущего на огромной скорости и, равняясь, на расстоянии 1,5–2 метра от хвоста самолета к носу второго, по-видимому, в него врезался... Видимо, тут произошло превышение скорости сближения».

Ткаченко максимально оттягивал момент катапультирования, чтобы подальше отвести самолет от домов, поэтому в последний момент ему не хватило высоты. Он принял смерть как настоящий герой, как русский витязь…Смерть Игоря Ткаченко была мгновенной. Его тело нашел местный житель недалеко от деревни Захариха. Рядом с ним находилось катапультируемое кресло и парашют. На теле Ткаченко не было видно открытых ран, только были заметны травмы, характерные для падения с большой высоты — руки и ноги неестественно вывернуты, тело словно бы вдавлено в землю.

«Я просто ума не приложу, как эти самолеты сошлись! — недоумевал бывший летчик „Русских витязей“ Александр Зайцев. — Я сам шесть лет отлетал в группе, но почему это случилось, не могу даже предположить».

Первый Су-27 рухнул на жилой дом в деревне Рыбаки. Вокруг упавшего самолета вспыхнул пожар, загорелись соседние дачные участки. Пострадали пять человек, которые были госпитализированы с ожогами. Второй Су-27 упал на трехэтажный коттедж в дачном поселке Сосны, и кирпичи от разрушенного дома разлетелись на сотни метров вокруг.

Исполняющий обязанности начальника вооружения ВВС генерал-майор Олег Бармин заявил, что перед вылетом машины были исправны и все системы самолетов во время отработки фигур высшего пилотажа работали в обычном режиме и сбоев не давали. Уголовное дело по факту авиакатастрофы было возбуждено по статье «Нарушение правил безопасности движения и эксплуатации железнодорожного, воздушного или водного транспорта». 29 сентября комиссия по расследованию причин столкновения двух истребителей Су-27 из пилотажной группы «Русские витязи» назвала причину трагедии. По мнению экспертов, виной катастрофы стал «человеческий фактор», а именно — ошибка пилота одной из машин. Изначально комиссией даже рассматривались такая версия, как попадание птицы в двигатель самолета.

Премьер-министр Владимир Путин назвал гибель Игоря Ткаченко «*невосполнимой утратой не только для российской, но и для мировой авиации*». «В нашей стране квалификация летчиков, а уж тем более ведущего группы, начальника центра, — это летчики суперкласса, таких единицы и в стране, и в мире», — сказал о Ткаченко руководитель пилотажной группы «Русь» Казимир Тихонович.

Многие думали, что после катастрофы «Русские витязи» не будут принимать участие в авиасалоне. Но летчики решили почтить память командира своим участием в авиашоу. Правда, они не стали выполнять над Жуковским фигуры высшего пилотажа, ограничившись простым пролетом. Но зрители смотрели на взмывшие ввысь Су-27 со слезами на глазах.

В судьбе «Русских витязей» есть нечто роковое. В 1995 году Игорь Ткаченко чудом избежал гибели. Он мог быть среди «витязей», погибших при трагической посадке на вьетнамской авиабазе. 12 декабря пять истребителей Су-27 «Русских витязей» и ведущий самолет Ил-76 возвращались из Малайзии, где пилотажная группа принимала участие в летной программе авиасалона. На дозаправку самолеты направились на авиабазу Тихоокеанского флота Камрань, которая во время войны во Вьетнаме была построена американцами для обеспечения Северного Вьетнама авиацией США, а после ухода американцев здесь была создана крупнейшая советская военная база за рубежом. После распада Советского Союза дислоцированный в Камрани авиаполк был упразднен, сама база быстро пришла в запустение, но продолжала принимать самолеты. Когда на подлете к авиабазе «Русские витязи» установили радиосвязь с Камранью, оказалось, что на берегу Южно-Китайского моря метеоусловия скверные: льет дождь и сильная облачность.

Командир звена генерал-майор авиации Владимир Гребенников даже не стал, как положено, запрашивать разрешения на посадку, а просто проинформировал: «Будем у вас заправлять тридцать тонн. Уходим завтра по местному времени в 5 часов 30 минут, заправку организовать сразу после прибытия». Руководитель полетов аэродрома Камрань подполковник Арбузов дал указание «витязям» садиться по одному с интервалом в один километр. Однако Гребенников на свой страх и риск принял другое решение — он потребовал захода на посадку всей группой по схеме «большая коробочка», при которой самолеты должны были четырежды развернуться в воздухе на 180 градусов и сесть на аэродроме. Гребенников жестко руководил действиями как своих ведомых экипажей, так и наземных служб авиабазы. Когда с земли попытались что-то уточнить, генерал резко прервал: «Я шестьсот двадцать третий, разрешите снижение». Генерал принял решение садиться всей группой с первого захода и никаких возражений слышать не хотел, хотя штурман Ил-76 пытался объяснить ему рискованность этого маневра при посадке в горном аэропорту с плохими метеоусловиями. При выполнении последнего, четвертого, разворота «большой коробочки» в кабине Ил-76 сработала сигнализация, предупреждающая о сближении с рельефом местности. В этом случае в соответствии с руководством по летной эксплуатации летчик обязан немедленно перевести самолет в режим набора высоты, но генерал Гребенников почему-то опоздал сделать это, и, когда прозвучала его команда «Набор высоты!», первый самолет из тройки Су-27 уже зацепил скрытую туманом вершину. В ту же секунду три истребителя врезались в сопку. По установленным для аэродрома Камрань правилам минимальная высота при заходе на посадку должна составлять 1500 метров, а «витязи» снизились гораздо ниже — почти до 600 метров. Это и предопределило катастрофу. Погибли четыре летчика «Русских витязей» — гвардии полковник Борис Григорьев, гвардии подполковники Николай Гречанов, Николай Кордюков и Александр Сыровой. Их похоронили на кладбище села Никольское вблизи Кубинки. 13 марта 1998 года трибунал Московского военного округа приговорил генерал-майора Владимира Гребенникова к шести годам лишения свободы, однако он сразу же попал под амнистию. Суд учел, что подсудимый имел правительственные награды и являлся заслуженным военным летчиком России.

Перед тем полетом в 1995 году Су-27 Игоря Ткаченко забарахлил (обнаружилась серьезная поломка в гидросистеме), и из Малайзии он летел вместе с командиром звена Владимиром Гребенниковым на Ил-76. Этот самолет чудом ушел от столкновения с сопками. Про Ткаченко тогда говорили, что он родился в рубашке...

В другой раз судьба уже не пощадила летчика-аса.

В тени этой трагедии совершенно «затерялась» еще одна катастрофа, происшедшая в тот же день, 16 августа. Недалеко от деревни Гурьево Калужской области разбился легкий спортивный самолет Як-52, в котором погибла абсолютный чемпион Европы пилот Светлана Федоренко. Вместе с ней погиб курсант Ульяновского авиационного института Андрей Хачковский. Он был сыном военного летчика Дмитрия Хачковского, который несколько лет летал в составе группы «Русские витязи». Светлана Федоренко тоже должна была участвовать в полетах на авиасалоне в Жуковском.

МАКС 2009 года стал самым черным за всю историю этого авиасалона в Жуковском.

Угроза — гроза!

Гроза — одно из самых загадочных природных явлений. Грозу с молниями люди побаиваются на земле, а уж тем более она внушает страх, когда человек находится на борту самолета. Воздушное судно, напоровшись на грозовую тучу, испытывает такую перегрузку и такой сокрушительный удар, словно по нему выстрелили из пушки. Специалисты утверждают, что грозовой фронт площадью порядка 7 километров может обладать энергией, равной энергии ядерного взрыва. Самая крупная в истории мировой авиации техногенная катастрофа, спровоцированная грозой, произошла 8 декабря 1963 года, когда в американском штате Мэриленд ударом молнии был сбит Боинг-707, погибло 80 пассажиров. Все летчики знают, как опасны полеты в районе так называемой «грозовой деятельности», где часто отказывают аэронавигационные приборы, нарушается радиосвязь.

Именно гроза 22 августа 2006 года унесла жизни 159 пассажиров и 10 членов экипажа самолета Ту-154 авиакомпании «Пулково», следовавшего из Анапы в Санкт-Петербург. В свой последний полет он отправился из Анапы точно по расписанию — в 15 часов 5 минут. Вначале самолет вели краснодарские диспетчеры, которые не отметили никаких нештатных ситуаций. Но когда российский борт «приняли» в небе диспетчеры Харькова, ситуация изменилась. В 15 часов 25 минут Ту-154, находясь на высоте 11 700 метров, подал первый сигнал SOS, после чего начал снижение... В последний раз экипаж передал сигнал SOS уже находясь на высоте 3000 метров. В 15 часов 39 минут лайнер исчез с экранов диспетчеров. Командир экипажа Иван Карогодин считался хорошим и опытным летчиком — всего он налетал 11 900 часов. Из них на Ту-154 — около 6000 часов, а в качестве командира экипажа — более 2300 часов. Многие коллеги убежденно говорят, что Карагодин был настоящим асом. Сам самолет был исправен, ресурс свой еще не выработал, то есть технических предпосылок катастрофы как будто бы и не было.

Почему же самолет разбился?..

В районе Сухой Балки под Донецком, где упал лайнер, редко бывают дожди, но в тот день разбушевалась нешуточная гроза. Именно неблагоприятные погодные условия сразу же были названы в качестве одной из причин катастрофы. Специалисты Санкт-Петербургского гидрометеорологического университета, проанализировав синоптические карты Донецкой области, заявили, что в момент катастрофы была зафиксирована мощная, высотой более 12 000 метров, облачность, сформированная интенсивными восходящими потоками воздуха. Коме того, отмечалась и необычно высокая для верхних слоев атмосферы температура — как правило на высоте 12 000 метров бывает –50...–54°C, а 22 июля было всего –34°C. То есть обстановка в небе вокруг петербургского лайнера была, без преувеличения, экстремальной. Когда самолет подлетел к зоне грозовых облаков, Карагодин решил облететь фронт сверху и начал поднимать лайнер. От грозы пилот ушел, однако, набирая высоту, он потерял скорость, раскачал самолет и вывел его на закритические углы атаки, что мгновенно привело к сваливанию машины в штопор.

Тогда возникает второй вопрос: почему опытный летчик пошел на такой риск, понимая, что на запредельной высоте с самолетом может случиться беда? Летчики могли уйти на запасной аэродром, но не сделали этого, они пошли на грозу.

Известно, что сегодня летчики стремятся сэкономить керосин, поэтому и приходится обходить грозовой фронт сверху, чтобы сократить путь. Так и Карагодин сунулся в «грозовое пекло»... Вскоре после катастрофы Депутат Государственной думы, в прошлом руководитель крупного авиационного предприятия, Геннадий Райков сказал: «Безопасность полетов нельзя понимать упрощенно, потому что это — целый комплекс мер, связанных и с авиастроением, и с проблемами состояния аэропортов и взлетных полос, с управлением воздушным движением, с проблемой кадров и т. д. В России ведь нет государственного органа по надзору за безопасностью полетов. Проблема безопасности воздушного движения обострила ситуацию, сложившуюся в авиационной отрасли. Обострилась и кадровая проблема в авиации, ведь мы можем сделать суперсовременные самолеты, но нужно задуматься о том, кто на них будет летать? Не хочу обидеть наших пилотов, но, к сожалению, за последние два года большинство катастроф произошло по вине „человеческого фактора“, в том числе и последняя авария, случившаяся с самолетом Ту-154, летевшим из Анапы в Петербург. Дело в том, что стоимость топлива сегодня составляет уже шестьдесят процентов цены авиабилета, и пилоты вынуждены экономить горючее. Летевший в Анапу Ту-154 был заправлен еще в Петербурге, и обойти грозовой фронт ему не хватало горючего, поэтому самолет начал подниматься и попал в зону высокой турбулентности. Можно было произвести дозаправку в Донецке, но это дополнительные расходы… Получается, что коммерческая выгода важнее безопасности полетов! Из-за экономии средств гибнут люди. Понятно, что дальше так продолжаться не может».

Итак, в 11 часов 35 минут, когда испытывавший сильную «болтанку» самолет занял 390-й эшелон (а это 11 900 метров), Иван Корогодин отключил автопилот и взял управление лайнером на себя. В момент катастрофы на месте второго пилота сидел стажер Андрей Ходневич, который прошел подготовку и был принят на должность второго пилота воздушного судна Ту-154. Скорость судна в этот момент составляла порядка 460 километров в час. Это было всего за три минуты до катастрофы. Эксперты полагают, что отключение автопилота стало одним из важных звеньев в цепи роковых ошибок, допущенных экипажем Ту-154. Автопилот, говорят они, вывел бы самолет в трудных условиях, сделал бы то, на что были не способны летчики.

О том, что происходило в эти минуты в кабине пилотов, мы знаем из расшифровки «черного ящика»:

11:33:06 Командир воздушного судна (КВС): Давай временно 400 или какой, твою мать, а это х…ня полная. Да проси 390, а то нам не обойти, ёбт… (Эшелон «400» — это 12 000 метров)
11:33 Сигнализатор запредельного угла атаки.
11:33:24 Штурман (ШТ): Пулково 612, разрешите набор временно эшелон 390.
11:33:28 КВС: Сильная болтанка и т. д., скажи.
11:33:34 Диспетчер (Д): Пулково 612, набирайте 3-9-0.
11:33:34 ШТ: Набираем эшелон 3-9-0. Спасибо большое, Пулково 612.
11:33:37 КВС: Еще х…й наберем его (неразборчиво)…
11:33:45 КВС: Куда те (неразборчиво), е… твою мать?!
11:33:48 КВС: Еб…шит здесь (неразборчиво).
11:34:49,5 КВС: В сторону можно, куда еще от нее отойти, б…дь. (Имеется в виду грозовая туча)
11:34:54 КВС: Скажи, заняли 390, Андрюха, е… твою мать.
11:34:56 Второй пилот-стажер: Пулково 612, заняли эшелон 390.
11:35:00,3 КВС: Говорите что-нибудь, да ёбт!
11:35:06 КВС: …снижаемся, ё…ные дураки, б…дь!
11:35:09 КВС: Ставь номинал, на х…й! (Режим двигателей, близкий к взлетному.)
11:35:12 КВС: Скажи им, снижаемся, ёбт.
11:35:13 ШТ: Снижаемся, Пулково 612.
11:35:17 КВС: Спокойно.
11:35:22 КВС: За кренами смотрите.
11:35:24 Звуковой сигнал.
11:35:28 ШТ: Пулково 612, снижаемся эшелон 3-6-0.
11:35:30,8 Сигнал АУАСП (автомата углов атаки и сигнализации перегрузок)
11:35:31 КВС: Сильная болтанка, скажи, ёбт.
11:35:33 ШТ: Сильная болтанка.

11:35:34 Д: Пулковский, снижайтесь 3-6-0.
11:35:36 КВС: Снижаемся, ёбт.
11:35:38,9 Звуковой сигнал.
11:35:41 КВС: Спокойно все держим.
11:35:44 КВС: Держим, б…дь.
11:35:45 Бортинженер: Помпаж. Снижаемся. Ваня, помпаж. (Помпаж двигателя развивается, когда в него попадает недостаточно воздуха, из-за чего нарушается процесс горения топлива.)
11:36:02 КВС: Скорости смотрите, скорости.
11:36:57–11:36:59,6 Второй пилот-стажер: SOS, 612-й, SOS…
11:37:01 Д: Пулковский 612, я вас не понял.
11:37:02 КВС: Б…дь, скорость какая?
11:37:03–11:37:05,2 ШТ: SOS, SOS, Пулк…12, SOS, SOS, SOS, Пулк…
11:37:06 КВС: Скорость какая? Скорость какая?
11:37:45 КВС: Левой давай!
11:37:50,5 КВС: Вова, давай там помогай Андрюхе.
11:37:55 ШТ: Высота 2000, Вань, 2000!
11:37:58 ШТ: 2000, Вань, 2000…
11:38:01 КВС: Ё-моё!
11:38:03 Э: Брось…(неразборчиво).
11:38:04,1 КВС: (неразборчиво) вправо.
11:38:05,6 БИ: (неразборчиво) падаем.
11:38:06,9 ШТ: Сейчас влево, влево (неразборчиво).
11:38:09,9 Второй пилот: Боже мой…
11:38:10,5 ШТ: (2000) Вань…
11:38:11,6 КВС: На себя, на себя, на себя, на себя! Андрюха, тяни на себя! На себя, Андрюха… (неразборчиво).
11:38:20,3 КВС: Теперь взлетный. (Взлетный режим двигателей)
11:38:23,1 Второй пилот-стажер: Не убивайте!
11:38:23,7 КВС: Андрюха, не паникуй!
11:38:27,5 КВС: (Земля)…
11:38:30 КРИК. Конец записи…

Такое количество нецензурных выражений, которые зафиксировал «черный ящик», свидетельствует прежде всего о нервозности экипажа — летчики чувствовали, что с каждой секундой ситуация становится все более критической. И уже с исчерпывающей полнотой обстановку в кабине пилотов характеризует отчаянный крик пилота-стажера: *«Не убивайте!»*. Экипаж не просто паниковал, он был охвачен ужасом.

Поднимаясь вверх, самолет резко увеличивал угол атаки, то есть, проще говоря, задирал нос. А в таком положении воздушное судно становится очень неустойчивым. При попадании в грозовое облако дополнительно увеличивается риск попадания в «режим сваливания». Пытаясь сохранить высоту, командир корабля взял штурвал «на себя». Эксперты утверждают, что если бы он делал все наоборот и давил «от себя», то катастрофы удалось бы избежать.

После катастрофы вспомнили, что точно по такому же сценарию 10 июля 1985 года Ту-154, выполнявший рейс Ташкент — Москва, разбился около города Учкудук в Узбекистане. Это были катастрофы-близнецы. Через час после взлета при наборе высоты началась «болтанка», но командир воздушного судна продолжал выдерживать высоту полета вместо того, чтобы избегать критических углов атаки. На скорости 290 километров в час Ту-154 начал заваливаться на крыло, вошел в штопор и стал падать по спирали. Летчики тщетно пытались вывести самолет из штопора, и его падение продолжалась всего около двух минут... Командир погибшего лайнера допустил ту же ошибку, что и впоследствии Иван Карагодин на таком же самолете — вместо того, чтобы отдать штурвал «от себя» и выйти из этого режима он продолжал выдерживать высоту.

Самолет Карагодина попал в классический плоский штопор

Свидетелем катастрофы стал пасечник из Сухой Балки Геннадий Урасов, который впоследствии рассказывал: «Неожиданно я услышал страшный гул. Поднял голову и обомлел: на меня падал самолет! Его крутило в воздухе, как жернова мельницы, но я не видел, чтобы он горел. Я бросился бежать, куда глаза глядят, даже обувь потерял. Потом услышал хлопок и удар о землю. Аж оглох...» Самолет рухнул недалеко от пасеки Урасова.

После падения целыми остались только хвост самолета, двигатели и небольшой фрагмент фюзеляжа, на котором были видны буквы «ОВ» — часть надписи «Пулково». Люди превратились в пепел, опознать останки было практически невозможно.

Помня, очевидно, о российском самолете, сбитом в 2001 году над Черным морем украинской ракетой, Минобороны Украины поспешно заявило, что никаких ракетных пусков в зоне падения самолета не проводилось.

Заслуженный летчик России Владимир Герасимов обвинил в катастрофе украинских авиадиспетчеров, которые вели рейс № 612 и не позволили экипажу отклониться от заданного воздушного коридора более чем на двадцать километров. *«Диспетчеры разрешили отклонение только на двадцать километров. Иными словами, диспетчеры предложили летчикам попытать счастья. Если через двадцать километров кончится грозовой фронт, то хорошо, если нет, то извините. Фронт не завершился. Иногда, чтобы облететь фронт, необходимо отклонение в сотню километров... Вслед за нашим самолетом летел турецкий. Он развернулся и возвратился на аэродром. А наш лайнер продолжил путь»*, — говорил Владимир Герасимов. Украинская сторона подобные обвинения отвергала, и министр транспорта Украины Николай Рудьковский заявил: «В то время, когда пролетал Ту-154 при заходе в зону ответственности украинских диспетчеров, самолетов в этой зоне не было. И поэтому ему предоставили тот коридор, который он запрашивал. Он запросил отклонение на двадцать километров восточнее, при входе в зону ответственности украинских диспетчеров, ему этот коридор предоставили. Был запрос и о прохождении зоны возле Донецка. Он опять запросил отклонение на десять километров западнее. Ему также был этот коридор предоставлен. Несколько раз он менял высоту. Диспетчеры дали такую возможность».

Следственный комитет при Прокуратуре России признал виновником катастрофы командира воздушного судна Ивана Карагодина, но, поскольку он погиб вместе с экипажем и пассажирами, уголовное дело было закрыто, и отвечать за гибель 170 человек оказалось некому... По российской печальной традиции все списано на погибших. По мнению авиационных экспертов, вина экипажа заключается уже в самом полете в грозу. Летчики, как утверждает Международный авиационный комитет, при неблагоприятных погодных условиях обязаны были отложить рейс, или, увидев грозу в полете, сесть на запасной аэродром. По мнению экспертов МАК, сыграла роль и «неслаженность работы» экипажа. Второй пилот, который также находился в кабине, не следил за действиями стажера и не страховал его от возможных ошибок.

Авиакомпания «Пулково», как, впрочем, следовало ожидать, сразу не согласилась с тем, что к катастрофе якобы привели непрофессиональные действия экипажа. Представители «Пулково» отметили, что высота и скорость полета полностью соответствовали рекомендациям руководства по летной эксплуатации Ту-154, а следовательно, нет оснований обвинять погибший экипаж в том, что они ушли на запредельную высоту. Предотвратить катастрофу не позволили объективные обстоятельства, а именно погодные условия. Генеральный директор государственной транспортной компании «Россия» Сергей Михальченко сделал заявление, что причиной катастрофы выступили конструктивные особенности самолета, а не действия экипажа. По его словам, при определенных погодных условиях самолет не выводится из плоского штопора, в который попал Ту-154. Этому препятствуют именно конструктивные особенности машины, а не уровень профессионализма экипажа.

Катастрофа под Донецком сильно ударила по деловой репутации авиакомпании «Пулково». Менее чем через месяц после гибели Ту-154 «Пулково» получило от Евросоюза официальное уведомление о возможном включении в так называемый «черный список» авиаперевозчиков из-за существенных отклонений от стандартов ЕС. И это при том, что авиакомпания «Пулково» справедливо считалась одной из самых безопасных и надежных в России. Многие аналитики тогда усмотрели в этих репрессиях против петербургской авиакомпании попытки западных конкурентов выдавить с рынка сильного авиаперевозчика, используя как ширму заботу о безопасности пассажиров. Для такой атаки был удачно выбран момент — катастрофа «пулковского» самолета.

Как бы то ни было, уже к концу 2006 года авиакомпания «Пулково» перестала существовать, объединившись с авиакомпанией «Россия». Самолеты «Пулково» были перекрашены под фирменный стиль «России».

Через год после трагедии на месте гибели самолета открыли мемориал, который представляет собой стелу в виде крыла самолета с бортовым номером разбившегося Ту-154 и плиту с высеченными на ней именами погибших.

Первая военная катастрофа Перестройки

4 сентября 1986 года ракетный подводный крейсер стратегического назначения К-219 под командованием капитана 2 ранга Игоря Анатольевича Британова вышел на боевую службу. Это была обычная «автономка», если только не брать в расчет, что в октябре 1986-го состоялась историческая встреча генерального секретаря ЦК КПСС Михаила Горбачева и президента США Рональда Рейгана в Рейкьявике, где они обсуждали проблемы прекращения гонки ядерных вооружений и впервые на высоком правительственном уровне обозначили цель ликвидации ядерного оружия на планете. И гибель К-219 стала первой военной катастрофой начинающейся эпохи Перестройки.

Ранним утром 3 октября лодка, находившаяся в тысяче километрах северо-восточное Бермудских островов, всплыла на перископную глубину для сеанса связи. Когда через несколько минут последовала команда на погружение и атомоход уже устремился вниз, на командный пункт вдруг поступила информация о появлении течи из-под заглушки крышки ракетной шахты в четвертом отсеке. В отсеке тут же была объявлена аварийная тревога, моряки запустили насос для откачки воды, и лодка стала всплывать на безопасную глубину. Командир К-219 Игорь Британов объявил общую аварийную тревогу, при которой производится герметизация отсеков субмарины. Буквально через несколько секунд после того, как подводники задраили люки в отсеках, прогремел взрыв в ракетной шахте № 6. Началось немедленное аварийное всплытие.

Уже после всплытия выяснилось, что в аварийном отсеке осталось девять человек. Погиб командир БЧ-2 капитан 2 ранга А. В. Петрачков и двое матросов. Причиной взрыва стало воспламенение компонентов ракетного топлива, которое оказалось в ракетной шахте после ее подтопления. Взрывом сорвало крышку шахты и повредило щетки-обтекатели крышек пяти других ракетных шахт. Была также деформирована часть ракетной палубы. Несмотря на повреждения, субмарина сохраняла ход и затопление ей не угрожало.

А над аварийной советской субмариной тем временем появились силы предполагаемого противника — американские самолеты, проводившие фотосъемку и замеры радиоактивного фона.

Аварийный отсек удалось быстро осушить, но из-за короткого замыкания в распределительных щитах в нем начался пожар, который привел к полному обесточиванию отсека и отключению насосов. Из-за пропадания электропитания включилась аварийная защита правого реактора, но его компенсирующие решетки не опустились на концевые выключатели. Для обеспечения ядерной безопасности реактора компенсирующие решетки пришлось опускать вручную. В отсек вошли старший лейтенант Николай Беликов и матрос Сергей Преминин. Когда они уже опустили три решетки из четырех, из-за высокой температуры в отсеке (не менее 70 градусов) Николай Беликов потерял сознание. Матрос Преминин вытащил его наружу и вернулся в отсек заканчивать работу. Он заглушил реактор, доложил по трансляции на пульт управления главной энергоустановки «Работы выполнены!», но создавшийся к этому времени перепад давления заблокировал выходной люк, и Сергей так и остался навечно на боевом посту... На помощь Преминину направили аварийную партию, но вызволить матроса им не удалось.

Поскольку в нескольких отсеках лодки продолжался пожар, Игорь Британов дал команду отключить и левый реактор.

В десятом часу вечера к аварийной субмарине подошли суда «Красногвардейск», «Федор Бредихин» и «Бакарица». К часу ночи эвакуация людей с лодки была практически завершена. На борту К-219 оставался только ее командир, который пробыл там все следующие сутки в ожидании аварийной группы, которая начала готовить лодку к буксировке, — один в обездвиженной лодке, оснащенной баллистическими ракетами, в которой бушует пожар. Теплоход «Красногвардейск» потащил лодку на тросе, но 6 октября буксировочный трос лопнул, и субмарина начала быстро тонуть. Когда К-219 ушла под воду до уровня рубочных рулей, командир по приказу главкома Военно-морского флота покинул лодку буквально за несколько минут до ее затопления.

Лодка погибла, но ядерная катастрофа была предотвращена, радиационный фон в районе затопления субмарины, опустившейся на дно на глубину более пяти километров, остался в норме.

Тем не менее катастрофа приобрела международный резонанс. Михаил Горбачев на переговорах в Рейкьявике с Рональдом Рейганом вынужден был проинформировать его о ЧП на борту советской лодки, ведь при взрыве реактора могла пострадать прибрежная территория Америки. 7 октября ТАСС дал сообщение: «В течение 3–6 октября экипажем нашей подводной лодки и личным составом подошедших советских кораблей велась борьба за обеспечение непотопляемости. Несмотря на предпринятые усилия, подводную лодку спасти не удалось. 6 октября в 11 часов 03 минуты она затонула на большой глубине».

Главнокомандующий ВМФ СССР адмирал флота Владимир Николаевич Чернавин, последний Главком ВМФ Советского Союза, впоследствии вспоминал тревожные октябрьские дни 1986 года: «Мне позвонили из секретариата ЦК:

— Завтра в 10 часов будет заседание Политбюро, где вас будут слушать по поводу аварии на подводной лодке. Ваш вопрос значится первым. Необходимо подготовить короткий доклад.

Я, разумеется, не предполагал, что меня будут слушать. Воспринял это с беспокойством, но понимал, что тяжесть аварии соответствует вниманию такого уровня. Лодка стратегическая, на борту 16 ракет со спецзарядами, ядерные торпеды, два реактора. Случилась неприятность недалеко от США, да еще накануне встречи М. С. Горбачева с Р. Рейганом в Рейкьявике. То есть политический резонанс может быть весьма серьезным. Свою задачу, готовясь к заседанию Политбюро, я видел в том, чтобы коротко, доходчиво, без специальных подробностей рассказать на основе той информации, которой мы располагали, что же произошло на атомоходе. Так и сделал. Слушали меня очень внимательно и, как я убедился, с пониманием, о чем идет речь. Об этом свидетельствовали и задаваемые вопросы. На Политбюро даже спрашивали об опасности выделения водорода из аккумуляторных батарей. Я пояснил, что водород, смешиваясь с воздухом, образует гремучий газ.

Вопросы задавали М. С. Горбачев, Н. И. Рыжков, Е. К. Лигачев, Л. Н. Зайков, Ю. Д. Маслюков. Я говорил, что сейчас главное не дать подводной лодке затонуть. Опасность в том, что горящие отсеки задраены, поэтому бесконтрольны, так как на лодке, к сожалению, нет приборов, по которым можно было бы следить за состоянием покинутого личным составом отсека. Пожар же в отсеке страшен еще и тем, что выгорают сальники многих забортных устройств и возникает возможность поступления воды из-за борта. Все все понимали, обстановка была деловой, спокойной, что, конечно, позволяло более взвешенно и обстоятельно анализировать ситуацию. Довольно спокойно вел себя в этой критической для Вооруженных Сил обстановке министр обороны. Я сам ему звонил дважды в день. Иногда приходилось давать ему долгие объяснения... На следующий день меня опять слушали на Политбюро. А в третий раз я докладывал членам Политбюро, когда лодка уже затонула. Все внимание было сосредоточено на вопросах: безопасны ли торпеды, ракеты, реакторы? Насколько вероятен ядерный взрыв, взрыв реактора? Каковы могут быть масштабы радиоактивного заражения? Я давал теперь уже подробные разъяснения. Для анализа обстановки привлекались ученые самого высокого ранга. Там же рассматривался вопрос об официальном сообщении. Как известно, оно было кратким.

Для выяснения причин аварии и гибели лодки была создана Государственная комиссия во главе с членом Политбюро Л. Н. Зайковым. Но, какова бы ни была первопричина аварии, далее командир и экипаж допускали много ошибок и, прежде всего, не сумели локализовать пожар, допустили его развитие и загазовывание всего корабля токсичными продуктами сгорания. Еще перед выходом в море у них случились незначительные утечки окислителя в одной из шахт. Неисправность устранили, не придав особого значения. Когда окислитель проявил себя в море, они посчитали, что это еще не авария, что снова возникла неисправность, которую уже устраняли. Было упущено время, а далее авария развивалась неудержимо. Но и потом можно было избежать многих ошибок. В частности, лишь потому, что не были приняты меры предосторожности, некоторые моряки получили отравление. В общем, Государственная комиссия пришла к выводу, что в аварии и ее последствиях вина личного состава превалировала».

Официальное заключение гласило, что командование подлодки не приняло всех мер для предотвращения гибели

К-219. Командира лодки, замполита и командира БЧ-5 уволили по служебному несоответствию, а экипаж расформировали — такой была плата за подвиг подводников.

5 октября 1986 года газета «Вашингтон пост» сообщила: «Американские специалисты-подводники подтвердили, что еще до того, как Горбачев известил Рейгана о случившемся, Соединенные Штаты уже знали о происшедшем на советской подводной лодке. Хотя они и не пожелали раскрыть детали относительно того, кто первым передал сообщение об аварии. Вероятно, оно поступило от американской субмарины, осуществляющей слежение за советской подводной лодкой. Такое слежение — обычная практика». А еще позднее достоянием общественности стала информация, что в первой половине октября 1986 года некая атомная подводная лодка ВМС США в ходе патрулирования в Атлантическом океане получила повреждение корпуса в результате столкновения с подводным объектом и прибыла в порт приписки Нью-Лондон (штат Коннектикут) для ремонтных работ в сухом доке. Этот факт кажется особенно интересным, если иметь в виду, что и на корпусе К-219 имелись повреждения вдоль левого борта — двойная борозда от аварийной шахты до кормы, которую вполне могла оставить в результате непосредственного соприкосновения другая лодка, возможно, принадлежавшая военно-морскому флоту США. Может быть, именно поэтому американцы не стали поднимать шума из-за того, что недалеко от их берегов потерпела бедствие советская лодка с баллистическими ракетами и реакторами?..

Ядерный загар

Если долго смотреть в бездну, бездна посмотрит на тебя...

Фридрих Ницше

Перед ликом сфинкса

...Лидера этой фанатичной старообрядческой секты, которая проповедовала скорое воцарение Антихриста на земле, звали Илларионом Петровым, но за ним утвердилось странное прозвище Коровьи Ножки. Состоявшая из безграмотных мужиков секта Петрова не желала подчиняться власти российских императоров, ее члены не признавали паспортов, говоря, что на паспорте лежит несмываемая «печать Антихриста», и отказывались нести военную службу. Скрываясь от преследования властей во времена Екатерины Великой, секта Иллариона Попова ушла в леса, а затем обосновалась в местечке Чернобыль, отчего впоследствии и была названа чернобыльской.

Секте чернобыльцев удалось добиться расположения австрийского императора Иосифа II, который особой грамотой позволил им переселиться в Австрию и свободно отправлять свое богослужение, также на двадцать лет освободив их от всяких налогов. Секта покинула Чернобыль и, перейдя в Буковину, заняла урочище Белая Криница, где последователи Иллариона Петрова смешались с другими старообрядцами, живущими в Австрии.

Пройдут два столетия. И местечко, в котором сектанты ждали пришествия Антихриста, станет известным всему миру. Оно превратится в синоним смерти, страха, страдания и боли.

И многим будет казаться, что именно с этого древнего украинского города под названием Чернобыль начнется воцарение Антихриста в мире. Илларион Петров непостижимым образом предвидел, *где* нужно дожидаться конца света.

Всего лишь через несколько лет после случившейся здесь катастрофы городу Чернобылю исполнилось 800 лет… У него древняя история, но жуткое настоящее и тревожное будущее.

Уже после трагедии 1986 года многие вспомнили, что в «Откровении святого Иоанна Богослова» — книге «Апокалипсис» — есть слова: «...и упала с неба большая звезда, горящая подобно светильнику, и пала на третью часть рек и на источники вод. Имя сей звезде полынь; и третья часть вод сделалась полынью, и многие из людей умерли от вод, потому что они стали горьки» (Отк. 8; 10). Казалось бы, при чем тут Чернобыль?.. А разгадка пророчества в том, что «*полынь*» по-украински как раз и будет — «*чернобыль*». В предсказании, очевидно, сказано об отравленных радиацией водах Припяти и Днепра, которые стали «*горьки*» и унесли многие жизни.

Французский врач и алхимик Мишель Нострадамус оставил такое предсказание, в котором также можно увидеть Чернобыльскую катастрофу:

Лик сфинкса откроют на Красной планете,
Что многие беды народам несла.
Через 13 лет прибудет комета,
И пять новых бедствий уносят людей.

О чем здесь речь? В начале 1970-х американские космические корабли «Викинг» на поверхности Марса обнаружили так называемый «лик сфинкса» среди объектов, которые напоминают руины погибшей цивилизации. Каменный марсианский сфинкс воспроизводит черты человеческого лица с полуоткрытым ртом. Спустя примерно 13 лет после сенсационного открытия на Марсе — в 1986 году — к Земле приблизилась комета Галлея, а спустя две недели после ее максимального сближения с Землей произошла авария на Чернобыльской станции, ставшая, очевидно, одним из «пяти новых бедствий», предсказанных Нострадамусом. Приближение кометы к Земле во все времена считалось знамением больших трагедий.

Сколько бы ни говорили и ни писали про аварию на Чернобыльской станции, она по-прежнему окутана тайной. Остается больше вопросов, чем ответов, больше гипотез, чем однозначных выводов...

Огонь — это не самое страшное

Представление об абсолютной безопасности атомной энергетики столь настойчиво вбивалось в сознание советских людей, что даже специалисты перестали серьезно относиться к обеспечению безопасности работы атомных станций. Это был словно какой-то гипноз... «*Атомные реакторы — это обычные топки, а операторы, ими управляющие, — это кочегары!*» — заявлял заместитель председателя Государственного комитета по использованию атомной энергии СССР Н. М. Синев. А если реактор — это простая угольная топка, то, значит, и допускать к работе на нем можно неквалифицированного «кочегара», не имеющего представления об атомной энергетике.

Михаил Сергеевич Горбачев впоследствии вспоминал, что об аварии в Чернобыле ему сообщили в 5 часов утра 26 апреля. Но речь шла только лишь о пожаре на станции, а о взорвавшемся реакторе и выбросе радиации в атмосферу генеральному секретарю ЦК КПСС не было сказано ни слова... «Первой моей реакцией было недоумение: как такое могло произойти?! — рассказывает Михаил Сергеевич. — Ведь ученые всегда заверяли нас, руководителей страны, что реактор абсолютно безопасен. Академик Александров говорил, например, что РБМК (реактор большой мощности канальный) можно ставить хоть на Красную площадь, так как опасности от него не больше, чем от самовара... <...> Те, кто меня информировал, сами не до конца понимали, что же все-таки стряслось. Потребовались недели, чтобы получить оценку случившегося. Так что, возможно, что-то и утаивалось чиновниками, боявшимися ответственности, но в основном, думаю, мне сообщали все, как было. Картина прояснялась постепенно, с помощью и при участии ученых, инженеров, военных, вертолетчиков, шахтеров, персонала станции...»[1]

Это беспечное отношение кажется тем более странным, что и до Чернобыля случались аварии на советских атомных станциях. В 1975 году на Ленинградской АЭС в Сосновом Бору при выводе реактора после планово-предупредительного ремонта на номинальную мощность произошло частичное разрушение активной зоны с выбросом радиоактивных веществ в окружающую среду. Выброс длился около двух недель. Повышение уровня радиации было зафиксировано даже в Швеции и Финляндии, и правительства этих государств даже были вынуждены послать запрос правительству СССР. Эта авария, как и другие ЧП на АЭС, была сразу же засекречена, а следовательно, у персонала других атомных объектов не было возможности извлечь уроки из трагических происшествий.

Атомная энергетика в Советском Союзе была предметом национальной гордости, и действительно успехи в строительстве мощных атомных электростанций были достигнуты впечатляющие. В июне 1954 года в Обнинске Калужской области была пущена первая в мире атомная электростанция мощностью пять мегаватт — на два года раньше, чем была введена в эксплуатацию первая в Европе атомная станция, построенная в Колдер-Холле (Великобритания). Уже на этой первой станции была создана система безопасности — во всех помещениях установили приборы контроля за радиоактивностью, снабженные звуковой и световой сигнализацией. В 1958 году в атомграде Томск-7 пущена Сибирская АЭС, в 1964-м — Белоярская и Нововоронежская станции. Только лишь за пятилетку 1981–1985 годов мощность атомных электростанций в СССР возросла на 125 процентов, а выработка энергии на них — на 130 процентов.

В январе 1967 года коллегия Госплана СССР определила место строительства будущей атомной электростанции в укра-

---

[1] Михаил Горбачев об аварии в Чернобыле. URL: http://news.bbc.co.uk/hi/russian/news/newsid_4936000/4936186.stm (дата обращения: 07.12.2009).

инском Полесье. И в 1970 году в живописнейшей долине реки Припять трест Южатомэнергострой Минэнерго СССР начал строительство атомной станции, расположенной в восемнадцати километрах от районного центра Чернобыля. Рядом со станцией вырос город атомщиков под названием Припять, где жило около пятидесяти тысяч человек. Строительство станции шло непросто, и сроки ввода станции несколько раз передвигались — сначала с 1975 на 76-й, а потом на 77-й год... В сентябре 1977 года Чернобыльская станция дала первый электроток. На станции было установлено четыре реактора РБКМ-1000, которые были спроектированы в 1960-е годы и уже работали на нескольких атомных станциях страны.

За пожарную безопасность станции в 1986 году отвечала военизированная пожарная часть во главе с майором внутренней службы Леонидом Петровичем Телятниковым, который был опытным пожарным, к тому же хорошо знающим специфику работы атомной станции. На ЧАЭС он служил четыре года. Уже в его бытность начальником пожарной части на станции были образцово проведены большие учения по отработке действий в случае пожара, так что подчиненные Телятникова находились в прекрасной профессиональной форме. Хотя за пятнадцать лет работы станции здесь не случилось ни одного, даже самого незначительного, возгорания, боевая подготовка личного состава пожарной части оставалась на высоте. После многочисленных тактических занятий на энергоблоках каждый пожарный знал станцию как свои пять пальцев.

Вечером 25 апреля начальник караула 23-летний лейтенант Виктор Правик проинструктировал ночную смену дозорных, которые по отработанному маршруту отправились осматривать важнейшие точки электростанции. Правику позвонил из дома майор Телятников, спросил про обстановку на станции. Лейтенант отвечал командиру спокойно и четко.

В 23 часа в пожарной части прозвучал сигнал ночного отбоя.

Над Припятью склонилась весенняя ночь...

А уже в 1 час 24 минуты до пожарной части донесся звук взрыва. Поднятый по сигналу тревоги дежурный караул

Виктора Правика немедленно выехал на станцию. Посмотрев в сторону ЧАЭС, лейтенант мгновенно понял масштаб бедствия: над четвертым энергоблоком станции поднималось багровое зарево. На станции бушует пожар! По рации Правик передал сигнал высшей опасности, следуя которому на станцию надлежало подтянуть подразделения Киева и Киевской области.

Всего пять минут Правику понадобилось, чтобы прибыть к аварийному энергоблоку. Уже отсюда он сообщил по рации: «Прибыл к месту аварии, по внешним признакам виден огонь, есть разрушения...»

Правик не знал уровня радиации, но и без дозиметра понимал, что он гораздо выше нормы. Лейтенант сознавал, что приближаясь к реактору, получает смертельную дозу. Он имел право дать своему караулу приказ отступить от горящего энергоблока и ожидать подкрепления — и тем самым не нарушил бы инструкцию. Но каждая секунда была на счету — пламя стремительно распространялось.

В тот момент, когда Правик докладывал обстановку, к Чернобыльской АЭС, оглашая ночь воем сирен и тревожными синими всполохами мигалок, на предельной скорости устремились пожарные машины из Киева и других близлежащих пожарных частей. Всем было понятно, что на атомной станции не бывает «рядовых» пожаров, каждое возгорание здесь сродни катастрофе, так как связано с опасным для жизни радиационным заражением.

А пока они находились в пути, лейтенанту Виктору Правику пришлось принимать на себя нелегкую ответственность первого руководителя пожаротушения на четвертом энергоблоке АЭС.

...Майор Телятников впоследствии вспоминал, как перед сном, внезапно ощутив легкий укол тревоги, придвинул телефон к постели.

— Зачем, Леня? — удивилась жена.

— Вдруг позвонят...

— Да кто может позвонить в такой час!

— Ну мало ли...

Уже после смерти майора Телятникова его вдова Лариса Ивановна вспоминала события той ночи: «...мы услышали взрывы, но не придали этому значения. Неподалеку базировался летный полк, и очень часто самолеты „брали" над Припятью звуковой барьер: на низкой высоте это было довольно ощутимо. Но через три минуты раздался звонок: сообщили, что горит крыша машинного зала АЭС. Левик пошел надевать форму, я побежала за его сапогами»[1].

По дороге на станцию Леонид Телятников объявил сбор всего свободного от дежурства личного состава пожарной части. Он понимал, что самая страшная опасность даже не огонь, а радиация. Пламя можно потушить, а вот невидимая радиация не отступит под натиском пожарных расчетов.

Пожар неистовствовал на кровле энергоблока, освещая заревом ночное небо. Оказалось, что при взрыве часть кровли над реактором рухнула. До огня от земли было семьдесят метров. Пожарные четко понимали, что главное сейчас — не допустить распространения пламени по всем покрытиям машинного зала, где работали восемь турбогенераторов, не пустить его на крышу третьего энергоблока. Горящий четвертый энергоблок находился в одном здании с третьим, разделяла их только внутренняя стена. С помощью стационарного лафетного ствола начали тушить пламя на высоте кровли.

В 1 час 35 минут из Припяти прибыл первый караул под командованием Виктора Кобенка. Между третьим и четвертым энергоблоками установили автомеханическую лестницу, и на пылающую кровлю машинного зала устремились огнеборцы. В это время на дежурном «газике» прибыл и майор Леонид Телятников, который тут же перевел руководство тушением на себя. Все время, пока шла борьба с огнем, Телятников находился на самых ответственных «фронтах сражения», дважды поднимался на крышу энергоблока.

Пожарные уже работали наверху, сбивая пламя водяными стволами и сбрасывая оставшиеся от взрыва куски графита. Сапоги увязали в расплавленном битуме, от жара и дыма

[1] *Рыбинская И.* Вдова Леонида Телятникова... // Факты. 2005. 12 марта.

было тяжело дышать. Потом пожарные стягивали с ног сапоги вместе с обожженной кожей...

В огромный разлом на крыше пожарные увидели мерцающий реактор, точно жерло разбуженного вулкана. Такого чудовищного огня им никогда не приходилось видеть.

Под ними словно бы разверзся ад, из развороченного взрывом четвертого энергоблока шло невидимое для глаз дыхание преисподней. Но в те минуты у пожарных не было времени задумываться об этом, они четко и быстро выполняли свой долг, еще в полной мере не сознавая, что близость преисподней уже словно бы вычеркнула их из числа живых.

Проделав за полтора часа свыше 150 километров ночной дороги, на ЧАЭС прибыла оперативная группа областного Управления пожарной охраны. На станции уже работала дозиметрическая служба, определяя зоны, нахождение в которых было наиболее опасным. Приборы дозиметристов зашкаливали...

Когда к двум часам ночи пламя на крыше было побеждено, внизу пожарных уже ждали машины «скорой помощи». Они, получившие смертельные дозы облучения, с трудом спустились вниз. На их боевой пост вступили пожарные Припяти и Чернобыля. Огонь был потушен на всех этажах реакторного отделения.

Для лейтенанта Владимира Павловича Правика в эту ночь закончилось последнее дежурство. Мужественного пожарного, получившего смертельную дозу облучения, отправили на лечение в Москву. 11 мая 1986 года он скончался в 6-й клинической больнице. Ему посмертно было присвоено звание Героя Советского Союза.

«Работники станции уже знали, что радиационная опасность была угрожающей, — рассказывает Лариса Ивановна Телятникова. — Наш сосед Игорь Крышенбаум был старшим инженером управления турбин на четвертом энергоблоке — том самом, на котором проводилось испытание, спровоцировавшее взрыв. Он позвонил нам в полтретьего ночи и сказал: „Закрывайте окна, двери и вывозите детей“. У нас двое сыновей: Олегу тогда было 12 лет, а Мише — 10. Наши знакомые предложили забрать детей из города. Я, естественно, осталась с мужем. Представляете, что со мной было потом, когда я вдруг обнаружила, что... забыла город, в который увезли моих детей! Утром от станции одна за другой отъезжали „скорые". На тех, кого оттуда вывозили, страшно было смотреть: распухшие щитовидки, красные лица. Некоторые люди не переставая смеялись — это тоже один из признаков сильного облучения, как и рвота. Левику стало плохо прямо в кабинете у директора. Но кто-то понял это по-своему, и пошли разговоры, будто Телятников был в стельку пьян. Поэтому, мол, и выжил, в отличие от своих подчиненных. Из Москвы с санавиацией прилетела бригада врачей, отобравшая самых тяжелых пострадавших. Всего в столицу увезли около 100 человек. На следующий день в обед Левика тоже отправили самолетом в московскую клинику № 6 Института биофизики. Помню, ребятам становилось плохо уже в автобусе, муж терял сознание. Было жарко, люди хотели пить, я побежала и схватила с барной стойки расположенного рядом кафе банку сока, а буфетчица закричала мне: „Куда?! Деньги давай!" Что было после того, как автобус с ребятами скрылся за поворотом, не помню, но потом мне рассказывали, что я ужасно кричала»[1].

«Этого не может быть, потому что этого не может быть»

25 апреля на ЧАЭС готовились к остановке четвертого энергоблока на планово-предупредительный ремонт.

Во время остановки реактора предполагалось провести испытания с отключенными защитами реактора в режиме полного обесточивания оборудования станции. Программа испытаний была утверждена главным инженером станции Н. М. Фоминым. «Суть эксперимента заключалась в моде-

[1] *Возняк В., Троицкий С.* Чернобыль. Как это было. Взгляд изнутри. М., 1993. С. 97–98.

лировании аварийной ситуации, когда турбогенератор (машина для выработки электроэнергии) может остаться без своей движущей силы, то есть без подачи пара от реактора, теряет способность вырабатывать электричество, а на электростанции в этот момент по каким-либо причинам отсутствует постоянное электроснабжение от сети. Для такого случая и разрабатывался специальный режим. Он в том, чтобы при отключении пара за счет инерционного вращения ротора генератор какое-то время продолжал вырабатывать электроэнергию»[1]. Никто не задумывался о том, что этот эксперимент серьезно влияет на безопасность эксплуатации ядерного аппарата. Слепая уверенность в том, что атомная энергетика абсолютно безопасна, усыпила бдительность сотрудников ЧАЭС. Отключив турбину от пара, персонал собирался посмотреть, сколько будет длиться «выбег». Но как работает оборудование в условиях «выбега», не знал никто. Поэтому когда реакторный зал начала сотрясать вибрация, многие восприняли ее как должное.

Эксперимент не сочли необходимым согласовывать ни с конструкторами реактора, ни с Госатомнадзором СССР. А директор станции Виктор Брюханов на суде вообще заявил, что *ничего не знал об эксперименте* с четвертым энергоблоком: «Я знал, что будет ремонт реактора, но обычный. О программе испытаний я не знал, я ее не видел». Можно, конечно, предположить, что Брюханов просто не хотел брать на себя ответственность за эксперимент, но вполне возможно, что сотрудники ЧАЭС во главе с главным инженером Фоминым не придавали эксперименту достаточно серьезного значения и потому не сочли необходимым информировать о нем директора. В пользу второго предположения также говорит и то обстоятельство, что никаких дополнительных мер безопасности на станции принято не было.

Директор Виктор Петрович Брюханов запомнился своим коллегам как хороший руководитель, ответственный человек и трудоголик, отдававший работе всю свою энергию и знания.

---

[1] *Возняк В., Троицкий С.* Указ. соч. С. 97–98.

Но вот именно со знаниями, как выяснилось, у Брюханова были проблемы, он не был специалистом в области атомной энергетики, до назначения на ЧАЭС работал на Славянской гидроэлектростанции. Впоследствии на суде Виктор Брюханов на вопрос об особенностях работы реактора откровенно признался: «*Я не физик. Я не мог знать*». Он искренне считал, что самая большая неприятность, какая может случиться с реактором, «это разрыв трубопровода». А главный инженер ЧАЭС Н. М. Фомин на суде говорил: «...Возможность такой аварии не была описана, и даже намека на такое не было. Я не специалист по ядерным делам». В подобном же духе были и высказывания начальника смены В. Рогожкина: «Я не представлял, что разгон может привести к взрыву. Ни в одном из учебников нет того, что наши реакторы могут взорваться». У руководства станции стояли люди, которые не были специалистами «по ядерным делам».

В 8 часов утра 25 апреля на станции прошло селекторное совещание, на котором речь шла в том числе и о том, что на четвертом блоке идет работа с недопустимо малым запасом стержней-поглотителей. По сути, была названа причина будущей катастрофы. Но руководство не придало значения грозящей опасности.

Собственными руками персонал Чернобыльской станции превращал реактор в атомную бомбу. Инженер дозиметрического контроля ЧАЭС Э. В. Ситникова, давая на суде свидетельские показания, рассказывала, как ее погибший от лучевой болезни супруг — заместитель главного инженера станции А. А. Ситников приходил встревоженный с работы и говорил: «*Оборудование неисправно, работать невозможно, а останова не дают. Как хочешь, так и...*» Участник ликвидации последствий Чернобыльской аварии Юрий Васильевич Поликарпов пишет, что нельзя не удивиться тому, как «целенаправленно шли люди к закономерному финалу, насколько упорно пытались обмануть автоматику»[1].

---

[1] *Поликарпов Ю.* Герои атомного фронта. Владимир, 2006. С. 6.

Перед началом эксперимента была отключена система аварийного охлаждения реактора, что впоследствии будет оценено как преступная ошибка. Когда система безопасности уже была выключена, оказалось, что на одной из украинских электростанций произошла остановка энергоблока, в сетях возник дефицит электроэнергии. Поэтому диспетчер не разрешил чернобыльцам останавливать реактор, который теперь работал без системы аварийного охлаждения.

В 00 часов 28 минут операторы приступили к снижению тепловой мощности реактора. Но вместо запланированных 700 МВт мощность реактора внезапно упала до 30. Реактор встал, но, чтобы не сорвать запланированный эксперимент, персонал станции начал его искусственно «разогревать».

Уже впоследствии заместитель главного инженера по эксплуатации Анатолий Яковлевич Дятлов (осужденный после аварии на десять лет колонии) вспоминал эти минуты: начальник смены Акимов сказал ему, что «произошел провал мощности до 30 МВт. Сейчас поднимают мощность. Меня это нисколько не взволновало и не насторожило. Отнюдь не из ряда вон выходящее явление. Разрешил подъем дальше и отошел от пульта». Из активной зоны реактора начали выводить управляющие стержни, которые поглощают нейтроны и сдерживают цепную реакцию. К часу ночи реактор заработал уже на мощности 200 МВт. Для ее поддержания из активной зоны сотрудникам приходилось выводить все больше управляющих стержней. В регламенте четко и ясно говорилось, что «работа реактора при запасе менее 26 стержней допускается с разрешения главного инженера станции», но сотрудники не стали согласовывать свои действия и все уменьшали количество стержней, которые поглощают нейтроны и регулируют цепную реакцию, в активной зоне реактора. Геннадий Александрович Шашарин, в 1986 году — первый заместитель министра энергетики и электрификации СССР, отмечал, что «подсчет числа стержней, погруженных в реактор, вообще затруднен. Нужно было просуммировать отрезки стержней, погруженных в активную зону (полное количество стержней 211 штук), вызовом специальной программы на вычислительную машину. Для этой операции требовалось несколько минут. Неизвестно, делал ли это оператор, или количество стержней так и оставалось неизвестным…» Геннадий Шашарин — опытный энергетик и, в отличие от руководителей Чернобыльской станции, глубокий знаток атомной энергетики, он работал на первой атомной станции в Обнинске, затем на Белоярской АЭС, участвовал в строительстве атомной станции «Ловиза» в Финляндии. Он прекрасно понимал «анатомию» Чернобыльской катастрофы. Шашарин был твердо убежден, что «авария… не произошла бы, если бы оператор смог удержать мощность реактора (автоматика не помогла) на уровне 700–1000 МВт, как это было указано в программе испытаний. В противном случае следовало мгновенно заглушить реактор, прекратив испытания».

К 1 часу 22 минутам стержней было уже не более восьми. В этой ситуации предотвратить аварию могло только чудо, но чудо не произошло… А персонал станции все еще не отдавал отчета, насколько близко они подошли к бездне.

В 1 час 23 минуты начальник смены четвертого энергоблока Александр Акимов приказал заглушить реактор, и оператор Леонид Топтунов, сняв с кнопки «АЗ» (аварийной защиты) предохранительный колпачок, нажал ее.

Делалось все это в спокойном и деловом режиме, ничто не предвещало нештатных ситуаций. По этому сигналу реакторные стержни в количестве 187 штук начали движение вниз, в активную зону, и должны были прервать цепную реакцию. …И вдруг, после небольшого снижения мощности, она без видимой для персонала станции причины стала увеличиваться со все возрастающей скоростью. Потрясенный Топтунов удерживал кнопку аварийной защиты…

— Глуши реактор! — закричал начальник смены Акимов, понимая, что происходит нечто невообразимое.

Восприятие персоналом ситуации можно описать выражением: «*Этого не может быть, потому что этого не может быть*».

В 1 час 23 минуты 43 секунды было зарегистрировано появление аварийных сигналов по превышению мощности и по уменьшению периода разгона реактора (большая скорость увеличения мощности).

Было уже поздно что-либо предпринимать — реактор погибал, извергая все содержимое своей ядерной утробы. Поскольку автоматическая система аварийной остановки реактора была отключена, цепная реакция вышла из-под контроля. Неконтролируемое расщепление ядер привело к перегреву охлаждающей воды, которая из циркониевых труб, не выдержавших давления и лопнувших, попала внутрь реактора и превратилась в сжатый пар. Этот пар сначала приподнял крышку реактора, которая весила две с половиной тонны, а потом с дикой силой швырнул ее на 10–15 метров, прокладывая путь для хлынувшего вверх ядерного топлива и обломков кладки. Падая, крышка раздавила верхнюю часть активной зоны реактора, вызвав новый выброс радиоактивных веществ. Легковоспламеняющаяся смесь из воздуха и водорода вырвалась в центральный зал и взорвалась, по-видимому, от соприкосновения с раскаленным графитом.

По заключению экспертов Института проблем безопасности атомных электростанций Украины, к аварии привели ошибочные действия персонала ЧАЭС и отключение автоматической системы аварийной остановки реактора. Сотрудники станции, задействованные в эксперименте, попросту не заметили начало неуправляемой цепной реакции. За считанные секунды тепловыделение в реакторе возросло в две тысячи раз, ядерное топливо нагрелось до температуры 3000 °C, вызвав тепловой взрыв, после которого примерно через 15 секунд произошел взрыв водородовоздушной смеси. В разрушенном реакторе началось горение графита, сопровождаемое температурой в 2500–3000 °C. Раскаленное вещество, пылающее в реакторе, расплавило дно и вылилось в подреакторное пространство, образуя вещество, похожее на вулканическую лаву, которое позже было названо «ядерной магмой». Позже она застыла в форме причудливых сталактитов.

Охранник ЧАЭС Леонид Бутрименко, находившийся всего в ста метрах от четвертого блока, рассказывал: «В половине второго я услышал первый взрыв. Он был глухой, словно грохнул трамвай, но очень сильный. Тряхнуло, как при землетрясении. Я повернулся к реактору. Тут на моих глазах произошел второй взрыв. Успел заметить, как вздымается разорванная крыша. Взрыв был такой силы, что бетонные плиты весом в тонну, а то и больше отбросило от реактора метров на пятьдесят. Некоторые вылетели за ограду...» Семидесятиметровое здание энергоблока буквально разорвало внутренним давлением.

Выброшенный взрывом в небо сгусток газа и пыли был подхвачен ветром, и огромное радиоактивное облако поплыло на северо-запад... Наиболее тяжелые частицы усеяли землю неподалеку от Чернобыльской станции, а легкие поплыли дальше, оставляя «радиоактивный след» на территории Белоруссии, Польши и Скандинавских стран. Ветер сменил направление, и оставшуюся часть выброса пронесло над Ленинградской областью. Радиоактивное облако чудом растаяло, немного не долетев до Москвы.

...Когда пожарные уже боролись с огнем на крыше четвертого энергоблока, в квартире директора станции Виктора Петровича Брюханова раздался телефонный звонок. Начальник химического цеха сообщил, что на станции пожар и к директорскому дому уже выехал автобус, оборудованный радиостанцией. Брюханов вскочил в машину и по дороге связался с дежурной телефонисткой, приказал ей сделать оповещение всем службам об аварии на ЧАЭС. Подъезжая к станции, директор с ужасом увидел, что над четвертым энергоблоком нет крыши... Машина подъехала к административному корпусу, и Брюханов опрометью поднялся в свой кабинет.

В 1 час 55 минут дежурная телефонистка позвонила на квартиру начальника штаба гражданской обороны ЧАЭС Серафима Степановича Воробьева и попросила его срочно приехать на станцию. По дороге Воробьев увидел «голосующего» на обочине секретаря парткома станции Парашина, который тоже был разбужен тревожным звонком. Когда Воробьев и Парашин вошли в кабинет Брюханова, там уже сидел секретарь Припятского горкома партии А. Веселовский. Вместе они спустились к подземному убежищу. Воробьев отпер дверь. В убежище находился дозиметрический прибор, который показал повышенный радиационный фон — прибор буквально зашкаливал. Но директор станции Брюханов не поверил этому:

— У тебя прибор неисправный, — сказал он Воробьеву. — Таких полей в природе не бывает!

Воробьев сообщил об аварии в Киев дежурному по штабу гражданской обороны, а Брюханов начал звонить руководству в Москву — во Всесоюзное производственное объединение «Союзатомэнерго».

Заместитель председателя «Союзатомэнерго» Евгений Иванович Игнатенко в феврале 1986 года приказом министра энергетики и электрификации СССР был назначен ответственным за координацию пусковых работ на вводимых в строй атомных энергоблоках — их в то время в стране было пять. В три часа ночи в московской квартире Игнатенко раздался звонок, и оперативный диспетчер сообщил, что на Чернобыльской станции произошел пожар с радиационными и ядерными последствиями. Взяв свой «тревожный чемоданчик», Игнатенко на такси поехал в министерство.

Связавшись с Брюхановым, Игнатенко попытался понять, что именно произошло на ЧАЭС. По словам директора станции, в результате взрыва, причина которого не ясна, обрушилась кровля машинного зала и аппаратного отделения. Реактор четвертого энергоблока, утверждал Брюханов, заглушен и контролируется. Также Брюханов сообщал в Москву, что отклонений в радиационной обстановке на станции нет... Из докладов директора ЧАЭС у московского руководства создавалось впечатление, что реактор цел, а значит — самое страшное не случилось... Именно так и было доложено в Совет Министров СССР, а ближе к утру — лично М. С. Горбачеву. Значит, паниковать нет причины. Однако тон докладов Брюханова час от часа менялся и становился все тревожнее. Так, руководство «Союзатомэнерго» узнало, что пожар полыхает сразу во многих частях станции, есть пострадавшие, прежде всего — пожарные, у которых выявлены признаки радиационного заражения.

В 10 часов утра московская комиссия вылетела с аэродрома Чкаловский. Самолет Ан-24 взял курс на Киев. Разворачиваясь в воздухе для посадки в Жулянах, самолет низко прошел над Чернобыльской станцией. Хорошо был видел развороченный взрывом четвертый энергоблок, от которого поднимался плотный белый дым.

В Жулянах москвичей встретил «Икарус» из Припяти. За окнами автобуса проплывали привольные пейзажи весеннего Полесья, люди работали в садах и огородах, жгли прошлогоднюю листву. Никто из них не знал о ночной беде.

Первыми вестниками трагедии стала встреченная «Икарусом» колонна пожарных машин, которые возвращались из Припяти. Возле развилки на Чернобыльскую станцию стоял патруль — милиционеры дежурили в респираторах.

«Аварийную команду» разместили в гостинице «Полесье», куда вскоре приехал Виктор Петрович Брюханов. Выглядел он после бессонной ночи подавленным и уставшим. Директор рассказал, что реактор сильно поврежден, отмечено высокое радиационное поле на четвертом энергоблоке и во дворе станции, пострадавшие пожарные и сотрудники станции готовятся к отправке спецрейсом в Москву. Вместе с Брюхановым, который сам сел за руль, несколько членов «аварийной команды» поехали на станцию. Переодевшись в санпропускнике, направились на четвертый энергоблок. «Здесь я впервые почувствовал воздействие больших полей гамма-излучения, — вспоминал Евгений Иванович Игнатенко. — Оно выражается в каком-то давлении на глаза и в ощущении какого-то легкого свиста в голове, наподобие сквозняка».

Разрушения, представшие перед комиссией, казались ужасными. Четвертый блок был завален рухнувшими конструкциями. Рядом с ним стояли брошенные пожарные машины. Двор станции и крыши зданий были покрыты густым и черным, маслянистым на вид налетом. Уровень радиации превышал тысячу рентген в час.

У всех, кто находился в эти часы на станции, появился «ядерный» буро-коричневый загар…

«Незамеченные» землетрясения: Чернобыль и Сасово

Возможно, причина Чернобыльской аварии кроется в недрах земли.

В ноябре 1985 года руководство Чернобыльской станции обратилось в Институт физики Земли с просьбой выяснить причины внезапно обнаруженных геодезистами вертикальных смещений фундамента четвертого (*будущего аварийного!*) энергоблока. В начале мая 1986 года в Припять в командировку должен был приехать научный сотрудник института Евгений Васильевич Барковский, который разработал специальную аппаратуру, позволяющую фиксировать малейшие нестабильности земной коры под зданиями... Судьба распорядилась иначе — Барковский начал заниматься проблемой Чернобыля уже после катастрофы.

Как говорит профессор Московского государственного строительного университета Сергей Смирнов, авария на ЧАЭС просто противоречит законам физики. «Начнем с того, — подчеркивает профессор Смирнов, — что топливные таблетки, заключенные в твэлах (тепловыделяющих элементах) реактора, содержат всего 2 % делящегося урана, и именно это обстоятельство полностью исключает возможность атомного взрыва. Все, что могло произойти в реакторе и его каналах при самом худшем варианте развития событий, — это химический взрыв «гремучки», усиленный тепловым (паровым) выбросом. Однако в реальности произошли два загадочных удара, которые привели к выбросу в атмосферу внутренней начинки реактора и радиоактивных веществ. Непонятная сила подбросила верхнюю крышку реактора и стальную крышу над энергоблоком»[1].

Евгений Барковский считает, что авария, сценарий которой противоречит физическим законам, развивалась в полном соответствии с обычным течением гравитационного

---

[1] *Непомнящий Н. Н.* Чернобыль. Неизвестные подробности катастрофы. М., 2006. С. 191–192.

взрыва. Прежде всего, указывает ученый, нужно помнить о том, что Чернобыльская станция расположена в Припятско-Днепровской впадине, изобилующей всевозможными геологическими нарушениями в земной коре. Один из тектонических разломов проходит непосредственно под атомной станцией.

Итак, посмотрим, как нарастала в Припяти сейсмоактивность в ночь с 25 на 26 апреля 1986 года.

В 0 часов 34 минуты оператор атомной станции зафиксировал дестабилизацию параметров реакторной установки.

В 1 час 14 минут стоявший вблизи центрального зала охранник внезапно упал в обморок. Приехавшая «скорая» увезла его в больницу, тем самым сохранив ему жизнь и здоровье. Ученые установили, что сейсмическая активность оказывает так называемое геопатогенное воздействие на живые организмы, от него даже иногда гибнут птицы, а люди испытывают нервное возбуждение и могут упасть в обморок.

В 1 час 23 минуты начальник смены реакторного цеха Валерий Иванович Перевозченко увидел странное голубое свечение в зале над реактором. Подобные световые эффекты — частый атрибут сейсмотектонических процессов, они связаны с ионизацией воздуха над подземным разломом. По словам директора Института геофизики Украины Виталия Старостенко, за двадцать секунд до нажатия аварийной кнопки операторы Чернобыльской станции увидели световые вспышки и несколько шаровых молний, что также является признаком тектонической бури.

В 1 час 23 минуты и 37 секунд сейсмостанция «Норинск» и метеостанция в Чернигове зарегистрировали сейсмический сигнал. В это же время сотрудники Чернобыльской станции услышали гул, доносившийся со стороны насосной, почувствовали вибрацию. Все приборы словно сошли с ума, станция заходила ходуном, со стен посыпалась штукатурка.

Специалисты Института имени И. В. Курчатова впоследствии выяснили, что температурные показатели в реакторе во время аварии оставались нормальными, на зато в подреакторном помещении словно бы бушевала раскаленная лава, в которой оказались куски графитовых сборок и урановых стержней.

Непосредственно перед аварией, по мнению Евгения Барковского, произошла резкая подвижка тектонических слоев на разрыве в земной коре. Когда трещина начинает раздвигаться, в окружающих ее породах резко падают давление и температура, а высвободившаяся энергия вырывается на поверхность. Причем ее мощность столь огромна, что она может нарушать законы земного тяготения. Поэтому в зоне тектонических трещин часто рвутся трубопроводы, сходят с рельсов поезда, происходят другие техногенные катастрофы, которые порой трудно поддаются объяснению... В таких местах наблюдаются необъяснимые явления, называемые полтергейстом — летают в воздухе предметы, сами по себе хлопают двери, гаснет и зажигается свет, раздаются странные звуки... Этот подземный энергопоток может подниматься на сотни метров вверх, и если в него попадает самолет, то возникает огромный риск потери управления. В районах активных разломов (а Чернобыльская станция, по мнению Евгения Барковского, оказалась именно в такой точке нестабильности) плотность выходящей на поверхность гравитационной энергии может быть столь мощной, что она способна извергнуть сотни тонн грунта.

12 апреля 1991 года в районном центре Сасово Рязанской области произошел выброс подземной энергии, причем за несколько минут до этого в домах, которые находятся непосредственно над разломом, людей, словно в невесомости, приподнимало в воздух, бросало из стороны в сторону, вылетала из шкафов посуда... Крышки канализационных люков подскакивали на несколько метров вверх. Перед аномальным явлением многие жители районного центра ощутили необъяснимое беспокойство, даже приступы панического страха. Беспокойно вели себя животные. Как и на Чернобыльской станции, в Сасово люди слышали гул, видели странное свечение и чувствовали вибрацию. Диаметр воронки от взлетевшего вверх грунта составил почти тридцать метров. В этой воронке, кстати, тоже было замечено сияние... Воронка мерцала, пока ее не залили водой. Подозрения на террористический акт не подтвердились — на месте «взрыва» вообще не обнаружили следов взрывчатых веществ. Никакого убедительного объ-

яснения «взрыву», по своему разрушительному воздействию равному 25–30 тоннам тротила, в Сасово найти не удалось, зато появилось много «сенсаций» о потерпевшем катастрофу в Рязанской области НЛО. Евгений Барковский уверен, что никакой мистики в сасовских «взрывах» нет и инопланетяне ни при чем — просто здесь разыгралась тектоническая буря, природа которой до сих пор мало изучена.

Почему бы не предположить, что по такому же сценарию развивалась катастрофа и на Чернобыльской станции?..

В Чернобыле взрыва реактора не было вообще, убежден ученый. То, что принято считать взрывом, на самом деле было сейсмическим ударом. Чудовищной силы подземные толчки разрушили исправный реактор и выбросили его начинку.

Если Барковский прав, то Чернобыльская станция изначально была обречена. Ее судьбу решили, когда выбрали для строительства сейсмоопасный регион.

НЛО над реактором

Некомпетентность персонала станции — факт очевидный. Но, возможно, были и другие причины, приведшие к катастрофе?

О том, что к аварии на ЧАЭС готовились некие враждебные Советскому Союзу зарубежные силы, может, например, свидетельствовать тот факт, что сразу после взрыва четвертый энергоблок станции был сфотографирован с космического спутника США, который удивительно своевременно оказался на расчетной орбите над Припятью. Почему этот спутник завис над ЧАЭС — вопрос по сей день открытый... Уже накануне смерти в московской больнице один из первых ликвидаторов аварии — пожарный Василий Игнатенко сказал своей жене Людмиле: «Скорее всего, это вредительство. Кто-то специально устроил. Все наши ребята такого мнения»[1].

---

[1] *Алексиевич С.* Чернобыльская молитва. Хроника будущего. М., 2006. С. 19.

Уже в мае 1986 года научный сотрудник Института имени Курчатова В. П. Волков впервые сформулировал версию катастрофы, согласно которой причиной аварии послужили не ошибки персонала станции, а прежде всего — особенности конструкции активной зоны реактора. Волков направил письма руководителям страны, в которых, в частности, писал: «Авария на Чернобыльской АЭС обусловлена не действиями эксплуатационного персонала, а конструкцией активной зоны и непониманием процессов, в ней протекающих. На основании расчетов считалось, что в целом обезвоживание активной зоны приводит к выделению отрицательной реактивности и глушению цепной реакции деления. Экспериментальных данных по размножающим свойствам „горячей" активной зоны в обезвоженном состоянии нет. В действительности, как показал анализ протекания аварии, при обезвоживании активной зоны высвободилась положительная реактивность порядка 2–3 бета, что и обусловило разгон на мгновенных нейтронах и, как результат, разрушение реактора». Разработчики этой реакторной установки не предусмотрели создания таких систем безопасности, которые полностью исключили бы возможность неконтролируемого роста потока нейтронов, например, при нарушениях технологического регламента — а такие нарушения, как мы знаем, были неоднократно допущены персоналом Чернобыльской станции. В это же время и зарубежные специалисты высказывали мнение, что причина аварии — не человеческий фактор, а конструктивные особенности реактора. Например, газета «Вашингтон пост» писала про Чернобыльский реактор: «Это был проект с фатальным изъяном — графитовый замедлитель и водяное охлаждение». В 1991 году вторая государственная комиссия, образованная Госатомнадзором и состоящая в основном из эксплуатационщиков, дала другое объяснение причин Чернобыльской аварии. Его суть сводилась к тому, что у реактора четвертого блока имеются некие «конструкционные недостатки», которые привели к неуправляемой цепной реакции и тепловому взрыву.

Среди обстоятельств катастрофы, которые порой кажутся наиболее фантастическими и невероятными, обращают особенное внимание зафиксированные некоторыми свидетелями аномальные явления вокруг атомной станции.

Старший дозиметрист Управления дозиметрического контроля Чернобыля М. А. Варицкий, который в ночь аварии был поднят по тревоге и направлен на пылающую станцию, впоследствии вспоминал: «Мы увидели медленно проплывающий в небе ярко-латуневого цвета огненный шар. Он был диаметром 6–8 метров. Мы... произвели замеры, переключив шкалу прибора на другой диапазон. Прибор показывал 3000 миллирентген в час. Вдруг от шара вспыхнули два ярко малинового цвета прожектора (два луча)... Эти два луча были направлены на реактор четвертого блока. Объект находился от реактора на расстоянии приблизительно 300 метров. Все это длилось где-то три минуты... Прожекторы внезапно погасли, и шар медленно уплыл на северо-запад. Тут мы снова обратили внимание на прибор. Он показывал уже 800 млр/ч! Сами мы не могли объяснить, что произошло, и поэтому грешили на прибор. Однако когда мы вернулись на базу и его проверили, то прибор оказался исправным».

Если принять это свидетельство как истинное, то получится, что неизвестный объект, зависнув над аварийным реактором, почти мгновенно «сбил» уровень радиации.

Значит, НЛО вмешался в техногенную катастрофу, придя на помощь людям. И в таком случае не исключено, что именно пришельцам удалось уменьшить масштаб ядерного бедствия в Чернобыле...

Вообще, по утверждениям уфологов, НЛО часто появляются вблизи тех объектов, которые связаны с использованием ядерной энергии. Например, еще в 1940-х годах «летающие тарелки» были замечены в небе над Лос-Аламосским атомным центром в США. Есть сведения о появлении НЛО в небе над Хиросимой на следующий день после атомной бомбардировки. Говорят, что появлялись инопланетные объекты над штатом Нью-Мексико в то время, когда там проходили ядерные испытания. Ну а Семипалатинский полигон вообще иногда называют одним из самых излюбленных «прогулочных маршрутов» пришельцев. По некоторым данным, первый неопознанный объект был замечен в небе над советским ядерным полигоном в 1957 году. В уфологической прессе даже появлялись материалы о том, что якобы летом 1983 года над Семипалатинским полигоном был сбит летательный аппарат пришельцев, обломки которого отвезли в Омск, а трупы инопланетян оказались в секретной лаборатории Министерства обороны СССР.

НЛО словно бы патрулируют те регионы, где люди работают с атомными технологиями. Может быть, эти визиты — предупреждение всем нам, насколько опасными могут быть наши опыты по «приручению» атомной энергии?..

Зона отчуждения — территория смерти

Около 16 часов 26 апреля в Киев прибыла оперативная группа начальника химических войск Министерства обороны СССР генерал-полковника В. К. Пикалова. Химические войска приступили к разведке местности вокруг Чернобыльской станции. Оказалось, что радиоактивное облако зацепило кроны сосен, и вскоре сосновые леса вокруг Припяти стали рыжими…

Когда 27 апреля над четвертым энергоблоком зависли вертолеты-разведчики, стало понятно, что реактор был разрушен практически полностью, перекрытия над ним не существовало, а на месте, где находился реактор, адским жерлом светилось яркое пятно, над которым клубился дымок.

Вдова пожарного Василия Игнатенко вспоминала, как жил город Припять в первые часы и дни после аварии. Город «заполнился военной техникой, перекрыли все дороги. Везде солдаты. Перестали ходить электрички, поезда. Мыли улицы каким-то белым порошком… Никто не говорил о радиации… Одни военные ходили в респираторах… Горожане несли хлеб из магазинов, открытые кулечки с конфетами. Пирожные лежали на лотках… Обычная жизнь»[1].

---

[1] *Алексиевич С.* Чернобыльская молитва. Хроника будущего. М., 2006. С. 15.

27 апреля по местному радио передали сообщение Припятского горисполкома о всеобщей эвакуации. Уезжавшие из Припяти люди верили, что скоро, буквально через несколько дней, вернутся в свои дома. Как вспоминала в интервью Светлане Алексиевич вдова погибшего пожарного Василия Игнатенко Людмила, некоторые люди «даже обрадовались: поедем на природу! Встретим там Первое мая! Необычно. Готовили в дорогу шашлыки, покупали вино. Брали с собой гитары, магнитофоны. Любимые майские праздники! Плакали только те, чьи мужья пострадали»[1].

Жителей города собрали у подъездов их домов, куда подали автобусы. В сопровождении машин ГАИ с включенными мигалками колонны направились к пунктам дезобработки в Иванковском, Вышгородском и других районах Киевской области. Для предотвращения мародерства в оставленном городе было организовано постоянное патрулирование нарядами милиции. А мародеров в Припяти было много — узнав о покинутых квартирах и неохраняемых магазинах и складах, сюда ринулись охотники до наживы, не верящие в опасность радиационного заражения. Вынесенные из Припяти вещи затем продавались на рынках в разных городах Советского Союза, а покупавшие их люди так и не узнали, что эти предметы представляют смертельную опасность.

29 апреля началась засыпка развала реактора четвертого энергоблока. В течение десяти дней военные вертолеты зависали над реактором на высоте 200 метров и сбрасывали на него тонны песка, свинца, глины и доломита. Работой вертолетов руководил полковник Л. В. Мимко, который находился на крыше гостиницы — самого высокого в Припяти здания. Несколько вертолетов постоянно кружили в небе, ожидая своей очереди подхода к станции, и нужно было четко регулировать их движение, чтобы не допустить столкновения. Всего на место взрыва было сброшено 5000 тонн материалов.

---

[1] *Алексиевич С.* Указ. соч. С. 16.

Для работы по дезактивации в Припять прибыли военнослужащие Ленинградского и Сибирского полков химической защиты. Ликвидаторы мыли из пожарных шлангов улицы и тротуары, срезали пропитанный радиацией слой дерна. Но их усилия оказывались напрасными — на следующий день после дезактивации уровень радиации возвращался к прежним показателям.

Затем была организована работа по расчистке крыши сбереженного от пожара третьего энергоблока. Сначала для этого использовали роботов. Но оказалось, что машины не выдерживают такого высокого уровня радиационного загрязнения. Немецкий робот на гусеничном ходу «сгорел» почти сразу, японский проработал немного дольше, но тоже вышел из строя. Тогда на крышу стали посылать людей. Ликвидатора, выходившего на крышу третьего блока, стали в шутку называть «биоробот Вася». Они находились здесь считанные минуты, но получали при этом предельные дозы облучения. Один ликвидатор, в пожарном шлеме и противогазе, за пять минут добегал по крыше до кучи радиоактивного мусора, вонзал в нее лопату и убегал обратно в укрытие. Второй добегал до лопаты и оттаскивал ее до края крыши. И только третий ликвидатор сбрасывал мусор на землю. Третий, соседний с взорвавшимся, энергоблок чистили почти тысяча ликвидаторов. Они снимали и вывозили оборудование, отбойными молотками снимали верхний слой бетона, мыли полы и стены.

Как известно, река Припять впадает в Десну, а Десна — в Днепр. Следовательно, нельзя исключить, что зараженная вода попала не только в Днепр, но и в водопроводные краны киевлян. Несмотря на реальную угрозу, эвакуировать трехмиллионный Киев было невозможно. В первомайские праздники на улицах Киева, как обычно, было людно, и мало кто обратил внимание на странный дождь, который прошел над праздничной демонстрацией. Падавшие на асфальт капли не растекались, а дрожали, подобно шарикам ртути. Но никто и не думал отменять массовые мероприятия, а 9 мая в Киеве прошел этап Велогонки Мира. «*Манифестации не были отменены, так как к 1 мая еще не было полной картины случившегося. Действительно, мы боялись паники — вы сами можете представить себе возможные последствия массовой паники в многомиллионном городе! Теперь ясно, что это было ошибкой»*, — размышляет бывший генеральный секретарь ЦК КПСС Михаил Горбачев. Город тем временем наводнили ужасающие слухи. Говорили даже, что взорвалась атомная бомба. Многие стремились поскорее уехать из Киева, в эти майские дни билетные кассы вокзалов и аэропорта Борисполь были переполнены. Но билетов не хватало, их теперь можно было купить только втридорога у спекулянтов. Многих пострадавших на ЧАЭС госпитализировали в Октябрьскую больницу Киева, и в городе тут же стало известно, где лежат облученные чернобыльцы. Среди госпитализированных ликвидаторов было отмечено несколько случаев самоубийств — люди выбрасывались из окон, — а врачи только лишь начинали догадываться, что лучевая болезнь влияет на психику — у больных возникает панический синдром, начинаются приступы клаустрофобии.

Один из героев документальной книги белорусской писательницы Светланы Алексиевич заметил, что «в первые же дни после аварии из библиотек исчезли книги о радиации, о Хиросиме и Нагасаки, даже о рентгене. Пронесся слух, что это приказ начальства, чтобы не сеять панику»[1]. А между тем советские граждане, которые еще совсем недавно имели весьма смутное представление о радиации, черпали знания о ней из всех доступных источников и даже начали осваивать такой ранее неизвестный прибор, как дозиметр. Режиссер Валерий Новиков, командированный в Киев и Припять Западно-Сибирской киностудией вскоре после аварии, с удивлением услышал такой монолог дежурной в киевской гостинице: «Сколько можно говорить, чтобы в грязной одежде не приезжали из Чернобыля, идите переодевайтесь в чистую — не пущу в номер. Дезактивируй потом за вами!» Проблема

[1] *Алексиевич С.* Указ. соч. С. 128.

радиации стала «бытовой», о ней знали уже не только специалисты, а даже дети и домохозяйки.

Тридцатикилометровая зона вокруг ЧАЭС была обнесена колючей проволокой. Но, как ни странно, «зона отчуждения» радиусом тридцать километров так и не стала «необитаемым островом». В этой опасной для жизни и здоровья зоне продолжают жить и работать люди. Много лет после катастрофы здесь трудились сотрудники Чернобыльской станции и саркофага — объекта «Укрытие» — несколько тысяч человек, связавших судьбу с территорией ядерной катастрофы. Но появились здесь и те, кого назвали «самоселами» (или «самопоселенцами»), — несмотря на законодательное ограничение проживания гражданского населения в «зоне отчуждения», они приехали в брошенные дома, стали возделывать землю, выращивать скот, рыбачить и охотиться, благо диких животных здесь достаточно... Среди «самоселов» преобладают бывшие местные жители, которые были эвакуированы, но позднее решили вернуться домой. Средний возраст «самоселов» — более шестидесяти лет, и эти люди, видимо, думают, что терять им в жизни уже нечего. Они смело пьют воду из колодцев и едят выращенные в «зоне отчуждения» овощи и фрукты. И радуются, что будут умирать на родной земле...

Благодать Чернобыльского Спаса

Идея написать Чернобыльскую икону принадлежит Юрию Борисовичу Андрееву, который во время аварии на АЭС получил огромную дозу радиоактивного облучения, а впоследствии возглавил Всеукраинскую общественную организацию «Союз Чернобыль Украины».

Андреев долго думал об этой иконе и несколько раз даже видел ее во сне. Но он считал, что образ, посвященный ликвидаторам аварии, окажется неканоническим и даже чем-то вроде ереси... Действительно, так непривычно увидеть иконописное изображение современных событий. Но его сомнения разрешил Блаженнейший митрополит Киевский Владимир, который на вопрос Юрия Андреева ответил, что такая икона не только возможна, но и необходима, ведь на протяжении вот уже почти двадцати лет Русская Православная Церковь возносит молитвы о жертвах аварии на Чернобыльской АЭС.

В 2003 году по благословлению владыки Владимира иконописец Владислав Горецкий взялся за написание иконы. Пять месяцев он работал над нею. В верхней части образа иконописец изобразил фигуры Богородицы, Иисуса Христа и Архистратига Михаила. А чуть ниже — души почивших ликвидаторов аварии: пожарный в противогазе, работник станции, медсестра... На переднем плане чернеет обожженное, словно бы в муке скорчившееся дерево, а на горизонте, за контуром «саркофага», пламенеет зарево, в темном облачном небе летит ослепительно яркая звезда Полынь.

Икона была освящена 28 августа 2003 года у стен Успенского храма в Киево-Печерской лавре.

Верующие рассказывают, что во время освящения иконы было чудесное явление. В воздухе над храмом возникла радуга и православный крест.

Многим ликвидаторам аварии на ЧАЭС эта икона помогла обрести душевные силы, преодолеть боль и отчаяние. С нею чернобыльцы шли на сложные хирургические операции, хранили дома и в больничных палатах.

Сегодня для всех нас эта икона — свидетельство о небесном заступничестве тех, кто пожертвовал собой в дни Чернобыльской трагедии.

Объект «Укрытие»

Официальным днем окончания работ по ликвидации последствий аварии на Чернобыльской станции считается 31 декабря 1990 года.

Строительство саркофага, или, по официальной терминологии, объекта «Укрытие», над реактором было начато после того, как в мае 1986 года государственной комиссией было принято решение о долговременной консервации четвертого блока ЧАЭС для предотвращения выхода радионуклидов в окружающую среду. В район четвертого энергоблока сгребалась радиоактивная «грязь» — обломки конструкций и кровли. Аналогов объекту «Укрытие» нет в мировой практике, никто никогда не строил герметичного саркофага, под которым погребено около 200 тонн ядерного топлива. Там сама смерть сидит под замком. Одной из самых сложных проблем при строительстве было создание стены между взорвавшимся четвертым и уцелевшим третьим энергоблоками. Построенную стену назвали «стеной биологической защиты», и после ее возведения радиационное воздействие разрушенного реактора четвертого энергоблока на помещения третьего энергоблока практически прекратилось.

По расчетам проектировщиков, саркофаг должен был простоять без разрушения не менее тридцати лет, он мог выдержать шестибалльное землетрясение и ураганные ветры. Ликвидатор последствий аварий Юрий Поликарпов пишет, что объект «Укрытие» сегодня «представляет собой далеко не такое монолитное образование, как двадцать лет назад: идут процессы разрушения бетонных конструкций, в стенах появились трещины. Специалисты относятся к возникшей проблеме весьма неоднозначно: одни утверждают, что это нормальный процесс, другие сеют панику, пугая неминуемыми страшными последствиями вплоть до повторного взрыва»[1].

Одним из главных виновников катастрофы был «назначен» Виктор Брюханов. Он стал несчастной жертвой — заложником системы, при которой катастрофа на атомной станции стала неизбежной... Брюханов отсидел половину своего десятилетнего срока и освободился из колонии общего режима в Луганской области досрочно в сентябре 1991 года. «В зоне жить очень и очень тяжело. Построение. Проверка. Работа. Сон. Так время и уходило. Работал „по прямой специальности“ — слесарем в небольшой котельной, работающей на угле, на четыре котла. Обеспечивал теплом, паром, горячей водой хозяйство всей зоны. Так все годы в этой котельной и работал,

[1] *Поликарпов Ю.* Герои атомного фронта. Владимир, 2006.

хотя предлагали мне идти заведующим библиотекой, например, — отказывался. Был там, где мне по душе ближе!» — вспоминает бывший директор Чернобыльской АЭС.

В марте 2000 года правительство Украины приняло постановление о закрытии Чернобыльской станции. И 15 декабря 2000 года в 13 часов 17 минут станция, по приказу президента Леонида Кучмы, была остановлена...

Но последняя страница в истории Чернобыльской катастрофы все еще не перевернута. По сей день в четырнадцати субъектах Российской Федерации более полутора миллионов человек живут на радиоактивно-загрязненных территориях (в результате как Чернобыльской, так и Кыштымской катастроф) — такова неумолимая статистика.

Сегодня мы хорошо представляем, *как* происходила авария, но по-прежнему не до конца знаем, *почему* она случилась.

Советский Союз был технократической цивилизацией: на протяжении десятилетий вся страна мобилизовывала силы во имя научно-технического прогресса. Теперь же прогресс, обещавший процветание, всеобщее здоровье и радость жизни, обернулся источником хаоса и смерти. Светлый идеал был в одночасье разрушен.

Профессор политической психологии Александр Юрьев заметил, что в позднем СССР «политические катаклизмы происходили на фоне небывалых техносферных катастроф... Чернобыль потряс до основания Советский Союз, лишил страну... инициативы, уверенности в себе... Я считал и считаю, хотя у меня нет никаких доказательств, *что в Чернобыле была диверсия... Эта диверсия поставила нашу страну на колени*»[1].

После взрыва на Чернобыльской АЭС вся страна в ужасе оцепенела. Люди боялись взрывов, боялись радиации, боялись «радиационных» дождей, многие не притрагивались к еде до тех пор, пока она не будет обследована с помощью

---

[1] Иррациональное и рациональное в Американской трагедии // Вестник политической психологии. 2001. № 1. С. 5.

дозиметра. Воздух, вода, земля — все казалось отравленным. В 1987 году в научный оборот был введен новый термин — «радиофобия», который обозначает психическое расстройство, выраженное в необоснованной боязни различных источников облучения. А между тем Советский Союз доживал последние годы... Росло взаимное отчуждение общества и власти. Пытаясь скрыть реальные масштабы катастрофы, правительство и партийное руководство дискредитировали себя, создали в стране такую неконтролируемую обстановку, когда официальной информации никто не верит, но зато верят слухам, сколь бы невероятными они ни были... Парализованное страхом перед возможными техногенными катастрофами советское общество потеряло всякую волю к сопротивлению, оно уже не могло защитить себя, а уж тем более не собиралось вставать на защиту Коммунистической партии, которая к концу восьмидесятых окончательно лишилась народного доверия. И в 1991 году никто не поднялся на защиту некогда великого государства, которое играючи было за один день «раздеребанено» в Беловежской Пуще. Вирус страха проник слишком глубоко в сознание. Наверное, в те годы не было в мире более запуганного общества, чем наше.

Не случись Чернобыльской катастрофы, Советский Союз имел бы шансы просуществовать дольше.

Нужно помнить, что безопасность, в том числе радиационная, во многом определяется активной позицией общества, его зрелостью. Каждый из нас имеет право знать, как обеспечена государством личная безопасность гражданина. Например, в США жители города Сакраменто (штат Калифорния) однажды провели референдум, на котором большинство проголосовавших высказались за закрытие расположенной в 25 милях от города атомной электростанции «Ранчо-Секо», надежность которой вызывала у многих сомнение. На станции неоднократно случались утечки радиации, и в 1989 году под давлением общественности руководство муниципального энергетического округа распорядилось закрыть станцию. Так поступает гражданское общество, которое стремится обеспечить собственную безопасность.

Подобных примеров в России, к сожалению, пока нет. В этом отношении мы недалеко ушли от советского общества, в котором, как правило, *«народ безмолвствовал»* и тихо, замирая от ужаса, ждал приближающейся беды... Так и сейчас: зная о катастрофическом состоянии объектов энергетики, мы предпочитаем закрывать глаза на опасность — до тех пор, пока не грянет беда.

В Советском Союзе правительство побоялось рассказать правду о Чернобыльской катастрофе. Но ведь тогда никто и не потребовал сказать народу правду!

Черный юмор о черной были: «Начнем сначала, гомо сапиенс?..»

Наверное, нет таких трагедий, над которыми человечество не пыталось бы посмеяться. Войны, болезни, революции, стихийные бедствия — все это становилось предметом острот, эпиграмм и анекдотов. Маленькая трагедия «Пир во время чумы» Александра Сергеевича Пушкина — рассказ о том, как люди пытаются отогнать смерть своим пьяным разгулом, кощунственным весельем, презрением ко всякой опасности. Юмор, который порой выглядит совершенно циничным и жестоким, на самом деле помогает пережить тяжелые испытания, смириться с печальной реальностью. Как некогда говорил знаменитый острослов Бомарше, «я спешу посмеяться над всем, иначе мне пришлось бы заплакать». Не случайно возникло такое выражение, как *«юмор висельника»* — то есть юмор человека, который балагурит, стоя на краю могилы, умирает с шуткой на устах.

И не удивительно, что в народе возникло огромное количество анекдотов и шуток, связанных с последствиями Чернобыльской катастрофы. Их можно назвать народным комическим эпосом Чернобыля... Наверное, самый короткий и одновременно самый жутковатый анекдот, появившийся после этой аварии, имел хождение в двух вариантах, в зависимости от того, в какой из советских республик его рассказывали: «*Хороший был народ — украинцы*», или «*Хороший был народ — белорусы*».

А в столице Украинской республики мрачно шутили, что все «киевляне делятся на веселых и находчивых; находчивые — это те, кто уже сумел уехать, а веселые — которые остались и теперь рассказывают друг другу анекдоты про Чернобыль».

Другой анекдот воспроизводит сообщение диктора по радио: «В Киеве сегодня облачно, небольшие осадки, температура до 300 градусов».

В некоторых анекдотах можно увидеть крамольный политический подтекст, недвусмысленно свидетельствующий о катастрофически низком доверии народа к власти позднего СССР: «*Коммунизм — это советская власть плюс дезактивация всей страны*». Чернобыльская авария словно бы подводила окончательный итог всей советской истории, одним из первых лозунгов которой был незабвенный ленинский тезис: «Коммунизм — это советская власть плюс электрификация всей страны». Из того же разряда «чернобыльской антисоветчины» и такая политическая частушка:

Спасибо Партии родной
За доброту и ласку,
За мирный атом над страной
И семь рентген на Пасху.

Острословы предлагали новую редакцию известной фразы Николая Гоголя: «*Редкая птица долетит до середины Припяти — зараженной радиацией реки*».

А этот анекдот больше похож на философскую притчу: «*На Земле закончилась третья мировая война, рассеялось над руинами радиоактивное облако, и к единственному выжившему человеку подходит обезьяна, бьет его дубиной по голове и спрашивает:*

— Ну что, гомо сапиенс, начнем все сначала?»

За грехи отцов

Петербург Достоевского, город мистический, мрачный и загадочный — этот образ северной столицы невозможно представить без Сенной площади, где, казалось бы, навечно переплелись мифы и реальность, лиричность белых ночей и отталкивающие черты «брюха Петербурга»...

В 1999 году Сенная площадь стала местом действия трагедии, которая навсегда вошла в историю города на Неве.

Павильон станции метро «Площадь мира» (ныне «Сенная площадь») был возведен по проекту архитекторов Арона Гецкина и Виктории Шуваловой на месте снесенного в 1961 году храма.

Здесь, на одной из старейших городских площадей, 20 июля 1753 года архиепископом Санкт-Петербургским Сильвестром была торжественно произведена закладка нового храма во имя Успения Пресвятой Богородицы. Но еще раньше на этом же месте был возведен деревянный храм во имя Христа Спасителя, а точнее — «во имя всемилостивого Спаса происхождения Честных древ честнаго животворящего Креста Христова», что празднуется 1 августа. Новый храм по проекту архитектора Андрея Васильевича Квасова и на средства купца Саввы Яковлева строился уже в камне. Его строительство было закончено в 1762 году, на колокольне установили пятнадцать колоколов. Главной святыней храма стал иконописный образ Успения Божией Матери. В народе эту церковь называли Спас-на-Сенной. При церкви существовали богадельня и приют для детей, действовало Общество для вспоможения бедным прихожанам, в приходе храма подвизались блаженная юродивая Анна Ложкина и известный странник Александр Крайнев, носивший пудовые вериги. Среди прихожан Спаса-на-Сенной в разные годы можно было увидеть Гавриила Державина, Николая Лескова, Николая Некрасова, Федора Достоевского... До революции считалось, что Спас-на-Сенной — своего рода символ не столичного и «блистательного», а простонародного Санкт-Петербурга — купеческого, мещанского и крестьянского.

Храм, являющийся уникальным архитектурным памятником позднего барокко, пережил революционное лихолетье, годы ленинградской блокады, когда он был даже выбран как один из ориентиров для немецкой артиллерии, но во времена последней хрущевской волны богоборчества судьба Спаса-на-Сенной была решена: под предлогом строительства станции метро храм взорвали, предварительно сняв с него всю позолоту и драгоценные металлы.

Ленинградская архитектурная общественность, узнав о планах руководства Метростроя уничтожить Спас-на-Сенной, даже обращалась с письмом в адрес министра культуры СССР Е. А. Фурцевой, в котором просила предотвратить гибель храма. Из министерства культуры пришел ответ, где сообщалось, что решение вопроса о судьбе церкви Успения Пресвятой Богородицы поручается группе московских специалистов под руководством академика архитектуры Н. В. Баранова. Архитекторы вскоре прибыли в Ленинград и, осмотрев храм, пообещали доложить ситуацию в правительстве и принять меры, чтобы разрушение уникального памятника отечественной архитектуры XVIII века было остановлено.

Но уже на следующее утро после отъезда московской комиссии Метрострой начал форсировать решение вопроса о сносе храма. Помог им и главный архитектор Ленинграда В. А. Каменский. Взрыв храма был назначен в ночь с 1 на 2 февраля 1961 года. Но буквально за сутки до этого в Ленгорисполком пришло письмо министра культуры СССР Е. А. Фурцевой с запрещением разрушать храм Успения Пресвятой Богородицы, «имеющий уникальное историко-архитектурное значение крупного культового сооружения середины XVIII века». Письмо это оперативно направили в здание на площади Островского, где размещалось управление Ленметростроя. А дальше произошли довольно странные события — письмо как-то «затерялось», метростроевцы решили сделать вид, будто послание министра либо «запоздало», либо вообще не «дошло»... А потому геростратам из Метростроя надо было торопиться! В стены храма подрывники уже закладывали заряды. Была также проигнорирована инициатива института им. Н. К. Крупской, который высказал пожелание взять на свой баланс здание бывшей церкви для приспособления его под сценическую площадку театрального факультета.

Глубокой февральской ночью площадь содрогнулась от взрыва. При скорбном безмолвии горожан, которые пришли проститься с одним из красивейших храмов города, Спас-на-Сенной начал оседать, окруженный густым облаком пыли.

Министр культуры СССР Е. А. Фурцева объявила выговор главному архитектору Ленинграда В. А. Каменскому за «самовольный» снос уникального храма. Взрыв Спаса-на-Сенной по сей день остается таинственной историей. Удивительны поспешность и настойчивость, с которой уничтожался храм, причем делалось это, как мы видим, даже вопреки распоряжениям союзного министерства культуры. Ленинградские чиновники готовы были даже получать от начальства выговоры, только бы как можно скорее взорвать ненавистный им храм...

Сегодня очевидно, что на достаточно просторной Сенной площади вполне хватило бы места для компактного павильона станции метро, строительству надземного выхода храм никоим образом не мешал... Так что взрыв храма был и беспощадным, и бессмысленным.

По некоторым данным, руины взорванного храма практичные ленинградские строители использовали при засыпке котлована станции метро «Горьковская».

О взорванном коммунистами храме стали много говорить летом 1999 года. Поводом вспомнить об этом давнем акте вандализма стала произошедшая здесь трагедия.

10 июня в 19 часов 40 минут у вестибюля станции обрушился козырек. Бетонная плита шириной три с половиной метра и весом в 24 тонны, поддерживаемая арматурой, закрывала лестницу главного фасада павильона. Во время

непогоды люди обычно прятались под этим козырьком, здесь назначали встречи. В это время пассажиров на «Сенной» было немного — «час пик» уже прошел. Люди привычно поднимались по ступенькам и выходили из вестибюля, когда внезапно раздался треск и бетонная плита стала стремительно оседать. Все произошло так внезапно, что шансов на спасение не было никаких... Под обломками козырька погибло пять человек, двое позже скончались в больнице. Двенадцать человек получили ранения.

Для расследования причин трагедии были созданы государственная комиссия и оперативно-следственная бригада в составе сотрудников прокуратуры Санкт-Петербурга и транспортной милиции. Комиссия нашла несколько технических ошибок, которые привели к обрушению козырька. Например, было установлено, что державшие плиту стальные штыри были углублены всего лишь на 15 сантиметров, хотя полагалось на 60.

Уже потом выяснилось, что сразу у нескольких павильонов петербургского метро появились трещины по основанию таких же козырьков, какой был на Сенной. Рано или поздно один из них должен был рухнуть... Несмотря на выявленные конструктивные недочеты, которые привели к обрушению, прокуратура вскоре закрыла дело «в связи со смертью лиц, подлежащих уголовной ответственности». Проектировщиков павильона уже не было в живых...

Сразу же после трагедии в городе стали говорить о том, что пролитая на Сенной площади кровь — кара за былой вандализм. Рассказывали даже, что во время грозы, которая пролетела над Петербургом накануне вечером, над Сенной можно было видеть некие знамения в виде распятия. Как бы то ни было, невозможно было не задуматься о мистике этого сакрального, «намоленного» места, некогда оскверненного большевиками-богоборцами. Урок истории оказался жестоким.

Людей, взрывавших храм той февральской ночью, сейчас, наверное, уже нет в живых, а расплачиваться за их тяжкий грех пришлось новому поколению горожан...

Смерть эконом-класса

Трансвааль, Трансвааль, страна моя,
Ты вся горишь в огне...

Глафира Галина

«Трансвааль-парк», открытый ко дню города в 2002 году на юго-западе столицы в микрорайоне Ясенево, стал самым крупным в Москве аквапарком. Он был задуман как город развлечений. На его территории расположились три бассейна, кафе, сауны, боулинг, роллердром, ночной клуб, магазины, детская комната, салон красоты и ресторан. Здесь была создана романтическая атмосфера тропических путешествий в африканскую «землю Трансвааль», где купальщиков встречали лагуны, скалы и водопады, расположенные в Долине волн и Пещере дракона... Общая площадь комплекса составляла более двадцати тысяч квадратных метров, а вмещать он мог до двух тысяч посетителей одновременно. Москвичи приходили сюда не только для того, чтобы купаться, в аквапарке также регулярно проводились дискотеки и вечеринки с участием известных музыкантов и ди-джеев.

ЗАО «Европейские технологии и сервис» начало строительство аквапарка в 2000 году, и в итоге он обошелся компании в 40 млн долларов. По первоначальным прогнозам компании, затраты на «Трансвааль-парк» должны были полностью окупиться за шесть—восемь лет. Летом 2003 года у собственника аквапарка начались проблемы с погашением кредиторской задолженности, в первую очередь перед турецкими строителями, и «Трансвааль» был продан компании «Терра Ойл», которая специализировалась на торговле машинными маслами. У журналистов тогда возникло недоумение, почему вдруг эта фирма, работающая на рынке горюче-смазочных материалов, заинтересовалась проектом аквапарка… В средствах массовой информации высказывались предположения, что «Терра Ойл» — это ширма, за которой скрывались мощные, но желающие оставаться в тени собственники. Действительно, практика заключения крупных сделок через фирмы-«призраки» — явление для российской экономики отнюдь не редкое. Новый владелец, очевидно, сумел расплатиться с турецкими строителями и имел все основания надеяться на рентабельность проекта. Уже после трагедии в Ясенево газета «Коммерсантъ» провела журналистское расследование и заключила, что покупатели «Трансвааль-парка» представляли интересы структур, аффилированных с ЗАО «Интеко» — девелоперской компанией, которую возглавляет жена московского градоначальника Елена Батурина. По версии «Коммерсанта» сделку по покупке «Трансвааль-парка» негласно финансировали Елена Батурина и ее брат Виктор Батурин, причем реальные обстоятельства приобретения аквапарка держались в секрете от Юрия Лужкова. Правда, после публикации этой информации президент «Интеко» Елена Батурина официально заявила, что ее компания не владеет злосчастным аквапарком в Ясенево, а затем Тверской районный суд Москвы удовлетворил иск Батуриной к газете и признал, что публикации «Коммерсанта» об участии главы «Интеко» в строительстве аквапарка не соответствуют действительности. Как бы то ни было, трагедия «Трансвааль-парка» послужила поводом для нового витка информационной войны против одной из самых успешных бизнес-леди России.

Первая трагедия в аквапарке случилась еще до его открытия. Летом 2002 года один строитель из фирмы, возводившей аквапарк, решил прокатиться на аттракционе «Циклон», который представлял собой высокую горку, состоящую из 12-метровой (это примерно высота пятиэтажного дома) трубы и чаши, где человека сначала кружит в водовороте, а затем резко «катапультирует» в бассейн. Этого рабочего нашли в бассейне мертвым.

В ноябре 2002 года в недавно открывшийся аквапарк в Ясеневе пришел отдохнуть после съемок известный российский каскадер Валерий Сапрыкин. Тридцатитрехлетний каскадер более десяти лет работал в этой опасной профессии, участвовал в съемках таких фильмов, как «Человек с бульвара Капуцинов», «Сибирский цирюльник», «Братва», «Ледниковый период». Валерий Сапрыкин, сильный мужчина и профессиональный каскадер, который часто плавал с аквалангом, великолепно владел техникой прыжков, в том числе — падений с высоты, не допускал и мысли, что водные аттракционы могут представлять опасность для его жизни. Перед тем как подняться на водную горку «Циклон», Валерий сказал брату:

— Не надо бояться, здесь безопасно!

Как впоследствии было написано в обвинительном заключении, во время спуска по трубе аттракциона у каскадера произошел перелом шейных позвонков «из-за чрезмерного сгибания шейного отдела позвоночника, превышающего максимально возможный физиологический объем». Сапрыкин выпал из трубы в бассейн и захлебнулся. Он стал уже второй жертвой аттракциона-убийцы. Лежавшего в розовой от крови воде каскадера нашли не сразу — только когда выключили воду, бегущую с горок.

После этого несчастного случая у правоохранительных органов возникло множество вопросов к руководству аквапарка. Почему, например, никто не инструктирует посетителей перед посещением тех аттракционов, где существует риск получить травму?.. Почему никто из сотрудников «Трансвааль-парка» не заметил человека, который плавал в бассейне, не подавая признаков жизни?.. Получалось, что в аквапарке не соблюдались даже элементарные требования безопасности.

Спустя три недели после гибели Сапрыкина на водной горке произошел еще один несчастный случай с неким молодым мужчиной, который попытался съехать на «Циклоне», находясь в состоянии сильного алкогольного опьянения. Опять-таки осталось непонятным, почему до аттракционов был допущен человек, который был пьян настолько, что едва держался на ногах… Труп захлебнувшего мужчины был найден в бассейне недалеко от «Циклона». Кстати, пиво и водку можно было легко купить в самом «Трансвааль-парке», продажа спиртного ничем не ограничивалась.

Прошло еще несколько дней, и в «Трансваале» вновь случилось ЧП. В детской зоне аквапарка во время купания группы школьников из воды начал извергаться белый фонтан со специфическим химическим запахом. Это был выброс хлора, который привел к серьезным травмам у детей — поражениям слизистой, конъюнктивы и химическим ожогам.

Но эта череда несчастных случаев никак не отразилась на работе «Трансвааль-парка». Никто не пытался закрыть смертельно опасные аттракционы. В погоне за прибылью здесь экономили на мерах безопасности, например не стали закупать спасательные жилеты...

Датой трагедии стал день Святого Валентина.

В этот субботний день в аквапарке было особенно людно. В 19 часов 15 минут посетители услышали громкий хлопок и внезапно увидели, как крыша начинает покрываться трещинами и медленно оседать. Уже в следующее мгновение вниз полетели огромные бетонные осколки и куски стекла. Разрушение напоминало стремительный ураган. Прятаться было негде. Люди в ужасе бросились к выходу, даже и не думая о том, чтобы найти свою одежду... Они бежали по стеклам, разрезая ноги и оставляя кровавые следы. Уже через несколько минут были полностью разрушены три стены аквапарка, и те посетители, которые не успели выбежать, оказались погребенными под завалами из стекла и бетонных конструкций.

Обвалилась одна четвертая часть здания, причем именно в том месте, где непосредственно находился развлекательный водный комплекс. Площадь обрушения крыши составила более 5 тысяч квадратных метров.

Уже в первые минуты работы спасательной группы МЧС из-под завалов были извлечены четверо живых посетителей, а также тела четверых погибших. Положение осложнилось тем, что после катастрофы большинство посетителей аквапарка оказались на улице без одежды, в одних плавках и купальниках, только лишь обернутые в полотенца, поэтому врачам «скорой» пришлось оказывать помощь не только раненым, но и получившим переохлаждение. Вид обнаженных людей, в панике бегущих по присыпанным снегом обломкам здания, создавал ощущение какого-то нереального ужаса.

Мэр Москвы Юрий Лужков назвал обрушение «Трансвааля» крупнейшей техногенной катастрофой в истории столицы. В тот день в Ясенево погибли 28 человек, в том числе 8 детей, получили травмы разной степени тяжести 193 человека, в том числе 51 ребенок.

Невыносимая тяжесть снега

Первоначально в качестве основной рассматривалась версия, согласно которой стеклянный купол аквапарка обрушился под тяжестью скопившегося на нем снега. «Очевидно, купол не выдержал снежной массы и под ее тяжестью рухнул», — предположил представитель управления информации ГУВД Москвы Павел Клеймовский. Однако его слова тут же опроверг мэр Москвы Юрий Лужков, который заявил, что, несмотря на обильные снегопады, на крыше здания снега не было. Рабочие аквапарка ежедневно очищали купол от снега, чтобы посетители «Трансвааля» могли видеть небо над головой.

Вообще обрушение строительных конструкций под тяжестью снега — явление нередкое в наших северных широтах.

Например, в 2004 году в Монастырщине Смоленской области под тяжестью снега обвалилась шиферная крыша детского отделения районной больницы, в стенах здания появились трещины. К счастью, тогда обошлось без жертв. В том же 2004 году в школе белорусского поселка Краснополье Могилевской области во время урока физкультуры обрушился потолок спортзала. Причиной разрушения стал скопившийся на крыше снег. Под обломками погибло 7 человек, а травмы различной степени тяжести получили около 20 учеников.

Снежное бремя продавило крышу торгового центра Черкизовского рынка на востоке Москвы зимой 2005 года, там пострадала одна женщина.

На одной из крупнейших в России Сургутской ГРЭС зимой 2008 года обрушилась кровля турбинного отделения. Причиной обрушения стал опять-таки снег. Как установила специальная комиссия, при монтаже несущих конструкций кровли были допущены грубые ошибки — отсутствовали крепления между панелями, недостаточным оказалось количество сварных швов. Все эти огрехи и сделали конструкцию уязвимой перед зимней стихией.

Теракт — это не страховой случай

После трагедии был высказан и ряд совершенно экзотических версий случившегося. Например, прозвучали предположения, что «Трансвааль» разрушился потому, что был построен на месте геологического разлома и испытывал воздействие подземной энергии. Суть версии — в том, что место для строительства выбрали неудачно. Но глава МЧС России Сергей Шойгу с ходу отверг предположения о том, что бетонная конструкция разрушилась из-за деформации грунта. «Первый осмотр дна бассейна и фундамента здания показал, что там нет никаких трещин. Если бы были какие-то тектонические подвижки, они бы появились», — заявил Шойгу. Также катастрофу пытались объяснить тем, что здание аквапарка якобы было «сдвинуто» антициклоническим вихрем, который закрутило магнитное поле Земли. Эту версию высказала старший научный сотрудник Гидрометцентра Нина Шаповалова, которая подчеркивала: «Мою гипотезу косвенно подтвердили сотрудники МЧС, облетавшие аквапарк на вертолете... Они утверждали, что сверху заметны странные деформации сооружения, словно бы его скрутили в спираль слева направо». Еще одной версией стало предположение о том, что колонну, с которой началось обрушение, «расшатал» акустический эффект — колебание десяти звуковых колонок на дискотеке, которая началась за час до катастрофы.

О том, что в Ясенево, скорее всего, был устроен теракт, стали говорить сразу же после катастрофы. Москвичи еще не успели опомниться после теракта в тоннеле метро между станциями «Автозаводская» и «Павелецкая», который произошел менее чем за неделю до трагедии в аквапарке. Проводились параллели и с недавней ликвидацией в Катаре известного чеченского сепаратиста Зелимхана Яндарбиева. Теракт в Ясенево, если это был именно он, логично было бы связать с местью чеченских боевиков.

Однако та настойчивость, с которой представители как собственника, так и государственной власти отрицали вероятность теракта, невольно настораживала. Ведь дело в том, что здание аквапарка было застраховано компанией РОСНО почти на все случаи, кроме террористического акта. Если бы выяснилось, что обрушение купола произошло в результате атаки террористов, то компания «Терра Ойл» уже не могла бы претендовать на страховые выплаты. Поэтому у собственника были прямые резоны убеждать всех в том, что в «Трансвааль-парке» произошла именно техногенная катастрофа.

Согласно выводам судебной взрыво-технической экспертизы, на руинах аквапарка не найдено никаких следов использования взрывчатых веществ или признаков внешнего воздействия на элементы конструкции здания. Прокурор Москвы Анатолий Зуев заявил, что «зафиксированное на пленке изображение… не дает следствию никаких оснований говорить о каком-либо механическом воздействии (в том числе и о взрыве) на элементы конструкции аквапарка». Более того, как подчеркнул прокурор, «следствие располагает заключением взрыво-технической экспертизы, которая однозначно утверждает, что на месте обрушения следов взрывчатого вещества не обнаружено». Однако официальная позиция подверглась жесткой критике сторонников «террористической версии».

Кстати, есть основания предполагать, что в адрес руководства «Трансвааль-парка» поступали предупреждения о якобы готовящемся террористическом акте. Сергей Киселев, возглавляющий компанию-подрядчика, которая занималась сооружением купола аквапарка, заявил прессе, что ему известно о передаче директору «Трансвааля» информации об угрозе совершения теракта. Якобы 27 декабря 2003 года Федеральной службе безопасности стало известно об этой угрозе, и тогда была усилена охрана аквапарка. Но затем, по словам Киселева, от этих дополнительных мер безопасности решили отказаться, сочтя тревогу ложной. Именно тогда и случилась трагедия.

Падению купола предшествовало разрушение одной из колонн, поддерживающих крышу аквапарка. Эта опора могла переломиться не только из-за деформации фундамента, но и от воздействия точечного заряда. За секунду до катастрофы видеокамера наружного наблюдения зафиксировала появление густого облака пыли у основания колонны — может быть, это и был взрыв? С версией взрыва был категорически не согласен заместитель главы Комплекса архитектуры, строительства, развития и реконструкции Москвы генерал-полковник Александр Давыдович Косован, который высказал предположение, что зафиксированное камерами облако на самом деле «могло быть выбросом сухой штукатурки, отлетевшей, когда колонна выгнулась и натянулась, как тетива лука». По словам Косована, «большая часть специалистов склонна объяснять это явление мгновенным движением воздуха, точнее — пара, который образовался, когда треснула стеклянная стена аквапарка».

Архитектор Нодар Канчели, проектировавший рухнувший купол «Трансвааль-парка», в ночь после катастрофы посмотрев эту видеозапись, рассказывал в интервью информационному изданию «Федералпост»: «В какой-то момент, на седьмой колонне от края, на высоте примерно полутора метров появился такой резкий, взрывоподобный по скорости распространения выброс. Я не могу говорить, что это — пыль, взрывные газы, я не знаю. Он имел длину метров от четырех до шести. Но молниеносная вещь. Вначале где-то около в зоне колонн, в зоне аквапарка, диаметром сантиметров двадцать, затем она, расширяясь, шла туда, наружу, и под конец типа как мороженое в рожке. Под конец такое шарообразное облако размером метра полтора-два. И тут же после этого, как только появился этот выброс, на следующем кадре все темно. Ничего не видно — аквапарк погиб… Я видел лично, что произошел выброс чего-то, я даже не называю это взрывчаткой, не называю дым или газ, не знаю, я видел выброс совершенно четко, и не я один. И через секунду после этого рухнуло сооружение. Вот эта последовательность событий на какие-то мысли наводит. Именно очевидно какой-то выброс, оно явилось первопричиной. Вот просто такое логическое рассуждение, и больше ничего»[1].

По словам Канчели, мэр Москвы Юрий Лужков, увидев на экране это облако пыли, сказал, что на колонну было оказано некое «внешнее воздействие», то есть ее кто-то разрушил… По сути, Канчели недвусмысленно обвинил московские власти и спецслужбы в сокрытии теракта. В защиту своего коллеги выступил Союз московских архитекторов, который составил коллективное письмо, где архитекторы настаивали на рассмотрении в Генеральной прокуратуре России «версии внешнего воздействия на основные несущие конструкции здания» аквапарка.

Разумеется, Канчели — лицо заинтересованное, он вряд ли способен нарисовать объективную картину случившегося, ведь катастрофа «Трансвааль-парка» нанесла непоправимый урон его профессиональной репутации. Версия теракта является для Канчели спасительной, ибо она снимает ответственность с проектировщиков купола аквапарка. Однако заинтересованность Канчели — это отнюдь не повод с ходу отвергать версию о том, что опорная колонна «Трансвааль-парка» была разрушена неким внешним воздействием. Сторонники версии Канчели говорят, что даже если в Ясенево

[1] http://www.federalpost.ru/russia/issue_14747.html (дата обращения: 07.12.2009).

и был совершен теракт, то доказать это сейчас уже практически невозможно. Металлическая конструкция колонны, говорят они, была покрыта четырехсантиметровым слоем цементного раствора, который осыпался. А найти куски штукатурки, на которых могли остаться следы взрывчатки, уже нереально.

Справедливость требует признать, что Нодар Вахтангович Канчели — подлинный профессионал своего дела. За его плечами — почти сорокалетний опыт работы в сфере проектирования зданий и сооружений, среди которых светопрозрачное покрытие Гостиного двора, купол храма Христа Спасителя, перекрытия подземного комплекса на Манежной площади, гостиница «Белград», пансионат «Дружба» в Ялте и многие другие. Нодар Канчели совсем не похож на легкомысленного юнца, что на днях защитил диплом архитектора... Именно безусловный профессионализм Канчели, его высокий авторитет среди архитектурной общественности заставляли усомниться в том, что главной причиной обрушения «Трансвааль-парка» стали грубейшие ошибки проектировщиков — команды Нодара Канчели.

Тем не менее замглавы Комплекса архитектуры, строительства, развития и реконструкции Москвы А. Д. Косован подчеркивал, что первопричина обрушения купола «Трансвааль-парка» кроется в неверных расчетах. Конструкторы архитектурной мастерской Канчели, как указывал Косован, заложили коэффициент надежности в 2–2,5 раза меньше, чем было необходимо для прочности конструкции, а прогиб крыши аквапарка оказался в несколько раз больше расчетного, колонны же, как оказалось, были ненадежно закреплены. Совокупность проектных ошибок и стала причиной трагедии. «В принципе, конструкция... могла свалиться в любое время, но бетон имеет свои особенности, он с возрастом деформируется. И здесь это надо было учесть, — говорил Александр Косован. — Когда проект принимали на градостроительном совете в Москомархитектуре, проектировщики докладывали о крыше из алюминиевых конструкций, наиболее легких. А потом, уже во время строительства, заменили алюминий на железобетон»[1]. Очевидно, алюминий был заменен на железобетон из соображений экономии. Прокурор Москвы Анатолий Зуев в интервью НТВ сказал: «Крыша из алюминия простояла бы лет сто. Безусловно, вносились бы какие-то коррективы, проводилась модернизация. Но проектировщики пошли по легкому пути, сделав крышу из бетона. Она обошлась дешевле».

Выводы специалистов были поистине ужасны: «Трансвааль» рано или поздно должен был обрушиться. Это могло случиться днем раньше или позже, но само это здание, казавшееся таким сказочно уютным, с момента постройки было предвестием многих смертей и трагедий.

По результатам расследования причин катастрофы в Ясенево обвинения были предъявлены главному конструктору проекта Нодару Канчели и начальнику Московской государственной вневедомственной экспертизы Анатолию Воронину. Ни Канчели, ни Воронин так и не признали своей вины. Канчели инкриминировалось причинение по неосторожности смерти и тяжкого вреда здоровью, а Воронину — халатность, приведшая к гибели двух и более человек. Позднее прокуратура столицы амнистировала архитектора и прекратила уголовное дело в отношении чиновника.

Басманный постскриптум: монеты вместо глаз

Но катастрофа «Трансвааль-парка» вскоре обрела не менее трагическое и не менее скандальное продолжение.

Около шести часов утра 23 февраля 2006 года обвалилась крыша Басманного рынка в Москве. Показания тех, кто в момент обрушения находился внутри Басманного рынка,

---

[1] http://grani.ru/Events/Disaster/m.67681.html (дата обращения: 07.12.2009).

оказались очень похожими на свидетельства очевидцев катастрофы в «Трансвааль-парке»: сначала сверху раздался громкий треск, а уже через секунду с потолка посыпались куски бетона, стекла и металлических конструкций.

Здание рынка было построено в 1977 году, а автором проекта конструкции купола был не кто иной, как Нодар Вахтангович Канчели. Крыша московского рынка стала первой работой Канчели, замеченной не только в СССР, но и за рубежом: в Лондоне работу молодого советского архитектора даже включили в десятку лучших проектов года. Канчели имел все основания гордиться этим проектом. Сразу после постройки в здании разместили колхозный рынок.

Если одна подобная катастрофа могла быть признана случайностью, то два обрушения по одному и тому же сценарию — это уже похоже на закономерность. Невольно возник вопрос: не являются ли хваленые безопорные конструкции, которыми так гордился Нодар Канчели, потенциальными носителями смертельной угрозы? Даже если вина за обрушение лежит на собственниках, которые эксплуатировали здание с нарушениями, может быть, разумнее было бы вообще отказаться от подобных проектов?..

При обрушении крыши Басманного рынка погибло 66 человек. Спасатели разбирали завалы вручную, найти раненых и погибших помогали кинологи с собаками, а чтобы расслышать стоны раненых, то и дело объявляли «минуты тишины». Москвичей среди пострадавших не оказалось, все это были «гости столицы» — выходцы из бывших союзных республик. А между тем в этот ранний час на рынке людей не должно было быть в принципе, за исключением разве что ночного сторожа. А тут — вдруг такой муравейник!.. Однако ни для кого не секрет, что в разных городах России бывшие колхозные рынки стали крышей для нелегальных мигрантов, где они не только торгуют, но и живут. На Басманном нелегалы жили в подвалах, в неработающих холодильных камерах, в грузовых машинах с включенными двигателями. Постоянный шум машин у Басманного рынка ночами мешал спать жителям соседних домов. Оказалось, что ночами на рынке находилось по 200–300 человек. Кроме того, рынок круглосуточно работал как оптовая и перевалочная база, где затаривались продуктами и ширпотребом уличные торговцы. Все эти ночные тайны Басманного рынка, скорее всего, никогда не стали бы предметом обсуждения, не случись здесь февральской трагедии…

Уже на следующий день московская прокуратура задержала гендиректора Басманного рынка Марка Мишиева, квалифицировав его действия как «причинение смерти по неосторожности двум или более лицам». Оказалось, что еще 22 декабря 2005 года прокурор Басманного района вынес директору рынка Марку Мишиеву предписание о незамедлительном устранении нарушений правил безопасности. Пребывание нелегалов — не самое страшное из прегрешений директора. Крышу рынка вообще никогда не чистили от снега, не прочищали водостоки, снег таял и вода текла через прорехи в гидроизоляции на несущие конструкции, которые в конце концов проржавели и рухнули. Никаких мер к обогреву крыши не применялось. Как выяснилось, крыша обвалилась из-за обрыва одного из тросов-вантов. А сам обрыв стал следствием, прежде всего, коррозии металлического ванта. К тому же здание было «перегружено». На круговой антресоли, проходившей по внутреннему периметру здания, были построены павильоны, создававшие дополнительную нагрузку, которая и стала роковой.

Хотя и было официально доказано, что вины Канчели в обрушении Басманного рынка нет, на имени этого архитектора была поставлена «черная метка», за ним окончательно утвердилась репутация «невезучего» и «несчастливого»… Любители «черного юмора» заметили, что творения Канчели разрушаются только по праздникам: «Трансвааль-парк» — в день Святого Валентина, а Басманный рынок — на 23 февраля. Увидеть разрушение своего творения — трагедия для архитектора. А когда под обломками созданного тобою здания гибнут люди — трагедия вдвойне. Хотя Канчели избежал уголовной ответственности, он воистину достоин сочувствия и жалости.

Наверное, главный вывод из ясеневской и басманной трагедий сформулировал генерал-полковник Александр Давыдович Косован, расследовавший причины катастрофы «Трансвааль-парка»: «*Сейчас время такое, у некоторых людей вместо глаз — монеты. Они больше ничего не видят, только деньги. Проект без детальной проверки сделали, на материалах сэкономили, вот и результат...*»

Добавить к этим словам, пожалуй, нечего.

Пленники Норвежского моря

Мама, ты письмо прочти мое –
Пусть один лишь раз, и на рассвете,
В час, когда заря на мир встает,
Пусть во сне пришлет его друг-ветер.
Ты не верь в морскую немоту,
В эгоизм подводных почтальонов.
Приласкай рассвета темноту
И дыханье дна, что так бездонно.
Нет, не плачь, хоть я не возвращусь,
И не жги слезами наши нивы –
Ведь к тебе я птицею вернусь
Иль ручьем — утехой старой ивы.
Вырос я под чаек шумный крик:
Верфь седая — опытом и школой;
Жизнь не в годы вышла, а на миг,
В легкие сжимающим уколом.
В нерестовый всплеск, в давящий звон
Я ушел, прощаясь и прощая...
Пусть другие чтят морской закон,
Не забыв тебя, моя родная.
Я креплюсь, давя в себе слезу,
По-мужски встречая неизбежность:
На друзей дыхания косу
Точит смерть повременно, небрежно.
Мне так жаль, что с солнцем не прощусь,
Не услышу соловья земного
И щеки любимой не коснусь,
Не увижу берега родного.
Вы не ставьте памятных крестов,
Землю-матушку вы в траур не раскрасьте,
Горечью сжигающих нас слов
И бедой достаток не украсьте.
Вы надежды дайте нам поток,
Море не кляните, сокрушаясь.

Подарите воздуха глоток!
Дайте — нам!.. Прощайте… Задыхаюсь…

Анна Сыромятникова.
Письмо с субмарины

Лучшей лодкой в мире до сих пор называют эту субмарину. И для этого есть все основания. Впервые в истории подводного флота атомный крейсер смог погрузиться на глубину 1020 метров. Ранее эта глубина погружения была доступна только батискафам. Уникальная атомная подводная лодка К-278 по имени «Комсомолец» проекта 685 «Плавник», которую на Северном флоте иногда любовно называли «золотой рыбкой», могла уклониться от натовских противолодочных систем и доставить свои грозные ядерные боеголовки прямо к побережью США. Лодка стала мощным «аргументом» Советского Союза в противостоянии капиталистическому миру.

В случае успешного завершения опытной эксплуатации субмарины должно было приниматься решение о строительстве серии таких лодок. «Комсомолец» обогнал свое время как минимум на четверть века — его подводное водоизмещение составляло 8500 тонн, скорость — более 30 узлов, боекомплект — 22 торпеды, часть из которых могла быть заменена на крылатые ракеты «Гранат». Хотя по шумности она несколько уступала американским субмаринам, но зато глубина погружения делала ее неуязвимой для любого оружия с обычным взрывчатым веществом.

Проект субмарины был утвержден в декабре 1974 года. Лодку строили на крупнейшей военной верфи в Северодвинске, и в августе 1983 года она была спущена на воду. После завершения достроечных работ на плаву ее передали первой флотилии Северного флота. Еще в период ходовых испытаний субмарина установила абсолютный рекорд погружения среди кораблей подводного плавания. Лодка получила высокое флотское звание «отличный корабль» с правом ношения соответствующего знака на надстройке и имя «Комсомолец».

28 февраля 1989 года лодка из своей базы в Западной Лице ушла в «автономку». Утром 7 апреля, на 37-е сутки

похода, субмарина следовала на глубине 386 метров со скоростью 6–8 узлов. В 11 часов вахтенный капитан-лейтенант Александр Верезгов принял доклады из отсеков. Из седьмого матрос Нодари Бухникашвили доложил: «Седьмой осмотрен, сопротивление изоляции и газовый состав воздуха в норме. Замечаний нет». А уже через 3 минуты в кормовом отсеке вспыхнул пожар. В этот момент субмарина находилась в 180 километрах юго-западнее острова Медвежий в Норвежском море. На пульте вахтенного механика капитана третьего ранга Вячеслава Юдина зажегся сигнал о том, что температура в седьмом отсеке превысила 70 градусов. Юдин немедленно объявил аварийную тревогу. Когда на главном командном пункте инженер-механик капитан второго ранга Валентин Бабенко попытался связаться с аварийным седьмым отсеком по общекорабельной связи, седьмой отсек молчал... Экипаж еще не знал, что дежуривший в отсеке матрос уже погиб.

Командир лодки Евгений Ванин принял решение применить в аварийном отсеке объемную химическую систему пожаротушения, которая способна быстро нейтрализовать даже самый сильный пожар. Но в раскалившемся отсеке система оказалась бессильной, и огонь быстро перекинулся и на шестой отсек. Сработала аварийная защита реактора, и субмарина потеряла ход. К тому же у лодки заклинило вертикальный руль и вышла из строя система шланговых дыхательных аппаратов, из-за чего несколько членов экипажа получили тяжелые отравления.

Вот как выглядит катастрофа в скупых строках вахтенного журнала:

... 11:21. Пожар в IV отсеке. Горит пусковая станция насоса. Насос обесточен.

11:34. Увеличивается крен на левый борт. Продут главный балласт.

11:58. «Всем, у кого есть связь, выйти на связь с ЦП». (Команда, переданная командиром из центрального пункта). С IV отсеком связи нет. Там примерно 9 человек.

12:12. Головченко, Краснов во II отсеке потеряли сознание. Команда из ЦП: «Переключить их в ИДА (индивидуальные дыхательные аппараты), включить кислородные баллоны».

12:41. Задымленность в IV отсеке очень большая.

13:27. Выведен из V отсека Кулапин. Начался сеанс связи. Нет пульса у Кулапина.

13:39. Состояние главной энергетической установки: заглушен реактор всеми поглотителями. У Кулапина пульса нет.

13:41. В V отсеке людей нет, V отсек осмотрен. Бондарь поднят наверх (без сознания).

14:02. Кулапин и Бондарь — умерли. Заключение врача.

14:20. Дан ЛОХ [лодочная объемная химическая система пожаротушения] в отсек VI.

15:23. Температура (носовой) перегородки VI отсека — больше 100 градусов.

16:24. Наблюдаются удары, похожие на взрывы, в районе VI – VII отсеков. Предположительно — регенеративные патроны.

16:42. Приготовиться к эвакуации. Исполнителям сдать секретную литературу.

16:45. Разгерметизирован I отсек. Приготовить аккумуляторную яму к вентилированию.

К тому времени, как «Комсомолец» достиг поверхности, огнем были охвачены уже два отсека — шестой и седьмой, а второй, третий и пятый отсеки были наполнены едким дымом. Когда лодка находилась уже в надводном положении, экипажу удалось потушить пожар в седьмом отсеке, но из него все же продолжал валить пар. Обгоревших и отравившихся угарным газом моряков вытащили на свежий воздух, многим их них пришлось делать искусственное дыхание.

Пять с половиной часов экипаж «Комсомольца» боролся с огнем. Находясь на палубе, обессиленные моряки были уверены, что самое страшное позади. Пожар потушен, реактор в безопасности. Именно эта уверенность в надежности субмарины, в ее прочнейшем титановом корпусе, помешала подводникам, поднимаясь наверх, взять гидрокомбинезоны. Никто не мог предвидеть, что очень скоро они понадобятся. Но оказалось, что из-за высокой температуры герметичность лодки нарушена, в отсеках стала распространяться вода. Не таким надежным оказался корпус «Комсомольца». На глазах экипажа кормовая часть субмарины уходила под воду, а нос все выше поднимался над морем. Пришла новая беда — не менее страшная, чем пожар в отсеках.

— Всем покинуть отсеки! Плоты на воду! — приказал Ванин, понимая, что лодка обречена.

Но пока отсоединяли плоты от корпуса лодки, «Комсомолец» все больше уходил в пучину, и многие моряки уже оказались в воде. Некоторые из тех, кто прыгнул с уходящей под воду палубы, погиб под горизонтальными рулями встающего дыбом судна.

Евгений Ванин спустился в лодку, чтобы поторопить оставшихся в отсеках подводников. К этому времени рубка уже наполовину ушла под воду.

После аварийного всплытия лодка восемь раз передала закодированные сигналы бедствия, которые не могли быть принятыми иностранными спасательными службами, но первый из них был услышал в Главном штабе Военно-морского флота только ближе к полудню. При этом сигнал был очень неразборчивым... К терпящей бедствие лодке вылетел патрульный Ил-38, а затем командование Северного флота передало координаты аварийной К-278 на плавбазу «Алексей Хлобыстов», которая немедленно вышла к месту катастрофы.

В 17 часов 8 минут лодка затонула — в ней все еще находился командир Евгений Ванин, который до последней минуты жизни не покидал свой боевой пост.

Катастрофа «Комсомольца» глазами очевидца. Мичман Виктор Слюсаренко впоследствии вспоминал: «Внутри остались примерно 10 человек, в том числе и я, так как входил по штату в состав аварийной группы, да и был физически сильным. За время проведения сложных работ я выходил на палубу всего два раза, да и то на 2–3 минуты, чтобы сделать несколько глотков чистого воздуха. Пожар вскоре мы потушили, кроме шестого и седьмого отсеков. Что там происходит — командир не знал. И он дает нам указание: проникнуть в эти отсеки и выяснить обстановку. Но мы не смогли открыть перегородки; если бы это и удалось сделать, огонь и сжатый воздух сожгли бы нас дотла в мгновение ока. К тому времени из экипажа мы потеряли четыре человека. Все ждали эвакуации. Я увидел, что матросы упаковывают в непромокаемые мешки и поднимают наверх секретную документацию, аппаратуру, вещи. Вместо того чтобы идти с этими людьми наверх, я решил пойти в каюту и собрать кое-какие личные вещи... Я же не захотел оставлять свой скромный скарб, ибо мы уходили в плавание на три месяца и каждый набрал немало дорогих сердцу вещей. „Дособирался" до того, что, увлекшись упаковыванием сумки, не услышал команды покинуть лодку. Вышел из каюты, а в отсеке никого нет. И лодка вроде бы накренилась, осела на „хвост". Тогда я поспешил на свой боевой пост, который герметично закрывался и был доступен всего нескольким человекам. Стал искать там „нагрудник" — спасательный жилет. Подводники их никогда не используют, но они где-то лежали на всякий случай. Пока искал, лодка все больше оседала, „нос" поднимался. Чувствую, происходит что-то неладное. Поспешил к выходу. И возле трапа, ведущего на верх лодки, столкнулся с командиром. Он спрашивает: „Ты один?" В отсеке я никого не видел, поэтому ответил: „Один". Вдруг мы слышим крик. Тут же вспомнил, что в дизельном отделении дежурил офицер, сменивший надышавшегося угарным газом матроса, которого я вытащил наверх. Командир говорит: „Пробирайся в «дизель», скажи офицеру, что нужно срочно покидать лодку". Я бегу, а офицер уже идет мне навстречу. Кричу ему, чтобы он быстрее поднимался наверх, и сам поспешил к выходу. В этот момент лодка переворачивается в вертикальное положение и под углом в 85 градусов начинает тонуть. Буквально в доли секунды я успел ухватиться за трап, который вел к выходной камере, а офицер оказался на дне отсека, как в колодце. Пытаюсь выбраться наверх, но на меня с восьмиметровой высоты обрушивается столб воды. Это было страшно. Мелькнула мысль: „Все. Конец. Бешено врывающийся в отсек столб воды мне не преодолеть". И вдруг поток воды прекратился. Позже я узнал: лодка столь стремительно начала погружаться в пучину, что не успели закрыть ее верхний, наружный, люк. Вода хлынула в выходную камеру, где находились командир и несколько матросов, гигантской воронкой закрутилась через другой, нижний, люк, на подступах к которому я находился. Но так случилось, что, когда верхний люк уже находился на метр в воде, один из матросов — мичман Копейко — смог захлопнуть его ногами. Люк закрылся всего на одну защелку, но и этого было достаточно. На глубине нескольких десятков метров лодка вдруг начинает принимать горизонтальное положение. Почему это произошло? На субмарине есть кормовые и носовые рули, которые управляют ею при погружении. Они были заклинены на всплытие, и благодаря этому лодка стала на ровный киль, продолжая тонуть теперь уже горизонтально. Сколько маленьких неожиданностей! И каждая из них продлевала мне жизнь. Когда лодка выровнялась и перестала литься вода, я из последних сил залез по трапу и, почти теряя сознание, услышал голос командира: „В нижнем люке человек! Скорее помогите ему!" Меня подхватили под руки, подняли внутрь выходной камеры. Теперь в этой титановой могиле нас было пятеро, в том числе офицер Юдин, который в совершенстве знал все оборудование камеры, потому что обслуживал ее. Первым делом стали закрывать нижний люк, из которого меня вытащили. Но он был так неудачно встроен (находился как бы внутри колодца), что пришлось держать его веревками и одновременно поворачивать спецмеханизмом. Мы, два мичмана, держали люк веревками, а Юдин пытался его закрыть. И вдруг из щелей нашей камеры полилась неизвестно откуда взявшаяся мутная, грязная вода и наполовину залила горловину люка. Устройства, которое использовал Юдин для закрытия, уже не было видно. Офицеру пришлось нырять, чтобы вставлять спецключ и поворачивать закрывающее устройство. Пока он там возился, мы стали замечать, что вода, струящаяся из щелей камеры, начала бурлить, как бы кипеть. Оказалось, вода, заполняя лодку, гнала к нам сжатый воздух, которому некуда было деваться. Вскоре в нашей камере создалось давление воздуха более пяти атмосфер. Почему так уверенно называю эту цифру? На учениях я неоднократно находился в такой обстановке и знаю, что при пяти атмосферах изменяется тембр голоса, появляются некоторые нетипичные ощущения. В тот момент никто особо не обратил на это внимание, ибо шла борьба за жизни. Задраить люк не удавалось. Юдин нырял еще и еще. Наконец он вынырнул после долгого пребывания в воде (было видно, что лёгкие — на пределе) и, как ему казалось, закричал, хотя был едва слышен хрип: „Закрыл!" Мы облегченно вздохнули: камера была изолирована от нижних отсеков, где была вода. И тут снизу раздался стук. Из полузатопленной лодки подавали сигнал „SOS". Кто-то выбрался из „колодца" и просил помощи. Командир приказал: „Откройте люк". Мы на минуту замешкались, хотя нас учили сначала выполнять команду, а потом анализировать ее. Какая-то неведомая сила затормозила и мышление, и действия (эта маленькая задержка, как оказалось, спасла нам жизни). Командир же повысил голос: „Немедленно открыть люк!" Я и еще один мичман держали веревкой люк, а Юдин нырнул, чтобы вставить ключ в устройство. В эту минуту лодка провалилась на такую глубину, которая вызвала серию взрывов. Стук прекратился. Под нами лодка стала разрушаться, начали лопаться от давления перегородки, взрываться оборудование, цистерны. Жуткий звук! Было страшно, потому что мы понимали: от этого ада нас отделяет только тоненький люк. Лодка, которой мы отдали пять лет жизни, разрушалась, образно говоря, на наших глазах, грозя взять с собой в морскую бездну и нас, любивших ее, веривших ей. Стало ясно, что внутри она практически рассыпалась, все внутренности смела стихия. Если бы мы открыли люк, то безусловно погибли бы. Закрыть его обратно под напором воды и сжатого воздуха было нереально. А в живых внизу уже никого не было... Наступили самые напряженные минуты. Перед нами стояла задача: как можно быстрее отсоединить выходную камеру от гибнущей подлодки. Мы знали, что лодка и камера рассчитаны на пребывание на глубине до одной тысячи метров. Командир сделал расчеты и сказал, что над нами 1650 метров воды. Такого огромного давления наша камера долго выдержать не могла — море должно было вот-вот раздавить ее. А подлодка продолжала опускаться, ибо пока еще не было слышно характерного и привычного стука при соприкосновении со дном. Счет шел на минуты. Внизу, в лодке, был, видимо, настоящий ад: сплошной гул, скрежет металла, взрывы! Пытаемся с помощью особого устройства отсоединить камеру от подлодки. Вставили ключ, и мы вдвоем начали давить на него с такой силой, что огромный титановый инструмент согнулся в дугу! Откуда только взялись такие сказочные силы? А устройство никак не поворачивалось… В те страшные минуты мы продолжали делать лихорадочные попытки отсоединить камеру. Я сел, стал себя успокаивать. Думал так: паника — делу не помощник; если камера не выдержит, то, значит, такова наша судьба, но при этом есть плюс — нас раздавит мгновенно, без мучений, не успеем ничего понять. Мой напарник тоже взял себя в руки, нашел инструкцию по отсоединению камеры и стал очень внимательно и спокойно ее читать, как будто над нами не занесла свою косу смерть. Нашел место, где сказано, как это сделать вручную, без оборудования. Но мы не спешили. Нашли еще один способ отсоединения — сжатым воздухом. Практически ни один способ на лодке никогда не применялся. Стали искать клапаны, чтобы сжатым воздухом повернуть отсоединяющее устройство, напоминающее соединение пожарного гидранта. Как только нажали на клапаны, на лодке под нами раздался страшный взрыв. Мелькнула мысль: „Все. Сейчас нас раздавит". Но, как оказалось, взорвались аккумуляторные батареи. На них попала вода, и началось активное выделение водорода, который и взорвался. Этот взрыв нас и спас. Во-первых, каждую секунду лодка могла не выдержать напора глубинных вод, и внутренний взрыв на короткое время создал в ней давление, которое поддержало уже готовый лопнуть титановый корпус. Во-вторых, взрывом оторвало камеру от лодки, и она мгновенно наполнилась каким-то туманом. Для меня это было загадкой. Позже я рассказывал обо всем на различных госкомиссиях, и никто из спецов не мог объяснить возникновение этого „тумана". Он был такой густой, что заволок всю камеру, заполнил все уголки. Позже он так же мгновенно исчезнет. Я увидел, как Юдин закатил глаза и начал падать. И в этот момент в камере раздался голос: „Всем включиться в ИДА". Поясню. ИДА — индивидуальный дыхательный аппарат. Их в этой камере не должно было быть. Но случилось так, что ИДА были подняты сюда начальником медслужбы для спасения тех первых двух пострадавших, которые отравились угарным газом. Врач хотел использовать эту камеру для восстановительной терапии, предварительно стравив из ИДА часть кислорода, тем самым насытив воздух. Но моряки погибли, и аппараты не понадобились. Камера — двухъярусная. На верхнем ярусе находились командир и мичман с двумя аппаратами. Внизу нас было трое — и три ИДА. Казалось бы, никаких проблем, все как будто специально приготовлено для нашего спасения. Протяни руку, возьми аппарат и надень — вот и все, что от нас требовалось. „Всем включиться в ИДА"…

Этот голос хранится в моей памяти и сегодня. После спасения я сотни раз анализировал каждую ситуацию в тот трагический день, каждое движение свое и товарищей. И пришел к выводу: этот голос не принадлежал ни одному человеку из нашей пятерки, находившейся тогда в камере. Он вообще не был похож на человеческий. Для меня только потом станет понятным, что это был глас Божий. Иных объяснений не нахожу по сей день. И вот в ту минуту сработал воинский „механизм" беспрекословного выполнения приказа: мы на нижнем ярусе мгновенно стали исполнять команду. Для чего нужно было надевать ИДА — никто над этим и не задумывался. Надо сказать, что надевать аппараты нас учили довольно много, мы отрабатывали это в самых разных условиях, в том числе и экстремальных. Но тогда я так спешил, что умудрился надеть его неправильно. Это спасло мне жизнь. И не мне одному. Оказывается, только двое проявили выдержку, самообладание и сумели в критической ситуации верно выполнить команду. Поясню, что такое ИДА. Он состоит из дыхательного мешка, двух баллонов по бокам и спецвещества. Кислород, вырабатываемый веществом, поступает в баллоны. Выдох делаем в это вещество, которое поглощает углекислый газ и выделяет кислород; кроме того, дополнительная порция кислорода идет из баллонов — все смешивается в дыхательном мешке, и мы дышим этой смесью (замкнутый цикл). Аппарат универсален: в нем можно находиться под водой, в зоне пожара. Вес — 15 кг. Вначале надевается дыхательный мешок, а потом маска. Я надел маску, а дыхательный мешок натянуть на себя не смог. Дышать можно было без проблем, но аппарат приходилось все время держать в руках. Видя, что Юдин лежит без сознания, мы с Черниковым попытались подключить к ИДА и его. Не получалось. И тут командир дает странную для нас команду: „Снимите свои аппараты — они вам мешают, и спасайте Юдина". Но отказ от ИДА, даже кратковременный, грозил опасностью. А происходило вот что. На лодке только что утих пожар. Она не была провентилирована. Весь угарный газ и сжатый воздух накачало в нашу камеру, так как она находилась наверху лодки. Как мы так долго оставались живы в таких условиях без ИДА — непонятно. С трудом надели аппарат на Юдина, не снимая свои ИДА. Юдин стал дышать, но в сознание не приходил. И тут у меня мелькнула мысль: „Что-то не слышно командира". Поднимаюсь на верхний ярус и вижу такую картину: командир сидит, у его ног лежит ИДА (он его и не пытался надеть, не оценив, видимо, серьезность обстановки), из горла раздается предсмертный хрип, голова безжизненно свалилась набок. Рядом — мичман, тоже без аппарата; по всей видимости, он был уже мертв несколько минут. Понимаю, что надо спасать командира. Пытаюсь надеть на него аппарат. Ничего не получается, потому что одной рукой держу свой ИДА. Зову на помощь Черникова, который изо всех сил старается привести в чувство бессознательного Юдина. Но Черникову не до меня. И тут краем глаза замечаю, что стрелка глубиномера резко поползла вниз. Камера начала всплывать! С огромной скоростью! Сотни метров мы пролетели за минуты. Черников стал подниматься ко мне. Я уже радостно думал: „Сейчас «откачаем» командира, камера всплывет — все будет хорошо". Черников успел высунуться по пояс с нижнего яруса на верхний, как стрелка глубиномера достигла цифры „0" и раздался хлопок. Вижу лишь мелькнувшие ноги моего товарища. Произошло же вот что. Верхний люк в экстремальной ситуации был закрыт всего лишь на защелку. И вот теперь, когда давление воды упало и ничто уже больше не прижимало люк к камере, внутреннее давление сорвало его с защелки, и Черникова выбросило через люк в воздух. Он подлетел над морской гладью примерно на 20–30 метров и затем упал с этой немалой высоты на воду, прямо на дыхательный мешок. Воздуху в дыхательном мешке деваться некуда, в баллон он не пойдет — там пять атмосфер, и поэтому воздух выбило в легкие. Как впоследствии показало вскрытие, Черников погиб от сильнейшего разрыва легких. Аппарат его погубил, и он же не дал телу утонуть. А меня спасло то, что я находился сбоку, возле командира, а не по центру, у люка, как Черников. И аппарат был надет неправильно — дыхательный мешок я держал в руках. Чувствую, как огромная сила тянет меня наверх. Сумел изо всех сил уцепиться за горловину люка, оставив полтуловища в камере. Рядом плавал мой дыхательный мешок. Если б я его надел правильно, то со мной, скорее всего, произошло бы то же самое, что и с Черниковым. Срываю маску с лица. Вижу, что камера, выпустив сжатый воздух, тут же начинает медленно тонуть. Остался один на поверхности моря. Рядом никого не видно... Итак, я оказался в холодной воде. Температура моря — плюс два градуса. Высота волны — полтора-два метра. Никаких плавсредств для спасения. Выбравшись на свет с огромной глубины, я в первые минуты испытал чувство радости и ликования. Но эти ощущения быстро прошли, когда реально оценил ситуацию, в которой оказался. Подумал: „Если бы далеко на горизонте виднелся берег — плыл, пока хватило сил. А что делать сейчас?" Как потом выяснилось, до ближайшей земли было 720 км. Но тонуть я не собирался. Не для того прошел ад испытаний в подлодке, чтобы, увидев небо, опять пойти на дно. Поплыл в никуда, просто так. Держаться на волнах было нелегко. Медики позже скажут, что в такой холодной воде люди погибают через 15–20 минут. Я пробыл в воде 40 минут (некоторые мои товарищи, как потом узнал, — полтора часа). Одежду с себя не сбрасывал, потому что понимал: даже мокрая материя в какой-то степени держит тепло и сдерживает холод. Но она так сильно тянула вниз, что я быстро терял силы... На небольшой надувной плот пытались взобраться больше 60 человек, хотя он был рассчитан только на 20. Многие держались за края, находясь в воде. Состояние духа моряков было очень высоким. Слышались даже шутки. А когда показались корабли, то моряки начали даже петь нашу экипажную песню „Варяг". Потом стало происходить ужасное. Как только подошли корабли, люди стали умирать буквально один за другим. Умирали даже тогда, когда их сняли с плота и перенесли на баркас. Всего с „Комсомольца" живыми подняли на борт гражданского рыбоперерабатывающего судна 30 человек, в том числе и меня. Чувствовали все себя по-разному: кто-то почти не нуждался в медпомощи — их лишь отогрели в парилке и накормили; кому-то врачи делали уколы, давали лекарства. У меня, например, сутки держалась очень высокая температура тела, не чувствовал ног. Обморожение было не впервые — однажды заблудился в сопках и испытал подобное. У офицера, который лежал со мной рядом, два раза останавливалось сердце. Некоторых выводили из психического шока»[1].

На борт пришедшего на помощь «Алексея Хлобыстова» подняли тридцать оставшихся в живых и шестнадцать погибших членов экипажа «Комсомольца».

Оценка причин катастрофы лодки «Комсомолец» привела к длительному межведомственному спору — командование Военно-морского флота обвиняло в несовершенстве лодки конструкторов и судостроителей, а последние убежденно заявляли о непрофессиональных действиях экипажа субмарины.

В память о трагедии подводной лодки «Комсомолец» 7 апреля было объявлено в России Днем памяти погибших подводников.

---

[1] *Слюсаренко В.* Выживший с подводной лодки «Комсомолец». http://hrist-sv.ucoz.ru/publ/13-1-0-113 (дата обращения: 07.12.2009).

Тайна, ушедшая на дно Балтики

Аппарели, аппарели…
На холодной параллели
Зарубцуется беда.
Не дошел паром до цели,
Те, что выплыть не сумели,
Не вернутся никогда.

Алексей Ткачев.
Паром «Эстония»

В старину существовал обычай: экипаж терпящего бедствие судна запечатывал свое последнее послание в бутылку и бросал в морскую пучину. Древняя легенда гласит, что изобретателем такого способа передачи сообщений был греческий философ Теофраст, который примерно в 310 году до нашей эры бросил за Гибралтаром несколько запечатанных сосудов с записками, чтобы доказать, что вода в Средиземное море поступает из Атлантического океана. Один из сосудов Теофраста был найден на Сицилии. Известно, что в своем знаменитом путешествии Христофор Колумб отправлял донесения испанской королеве Изабелле, закупоривая их в бутылки и бросая в океан. Некоторые из этих посланий были выловлены из воды и доставлены во дворец королевы. Этот способ передачи посланий называют «почтой Нептуна».

К сожалению, к нашему времени этот романтический обычай исчез. А вместе с ним пропала и возможность узнать «последнее слово» погибающих при кораблекрушении путешественников. Между тем если бы пассажиры погибшего в Балтийском море парома «Эстония» оставили сообщение о последних минутах жизни судна, то, возможно, тайна его гибели была бы раскрыта.

Паром «Эстония» сегодня часто называют балтийским «Титаником». Его гибель стала самой крупной катастрофой на Балтике в мирное время.

В начале смутных девяностых годов только что получившая независимость бывшая советская республика, а теперь государство Эстония стремилось скорее выйти в мир большой политики, интегрироваться в мировую экономику, установить тесные отношения с Западом, который совсем недавно был надежно отгорожен «железным занавесом». Для того чтобы наладить морское сообщение с ближайшим соседом — Швецией, была создана компания «Эстлайн» (зарегистрированная, кстати, на Кипре), которая купила в Финляндии паром «Ваза Кинг», построенный на судостроительной верфи «Meyer Werft» в Германии. Паром имел 503 каюты, из них восемь класса «люкс», на его борту было шесть ресторанов, четыре сауны, бассейн... Грузовая палуба принимала до 370 легковых машин или 38 трейлеров. Судно переименовали в «Эстонию», и оно стало своего рода символом национальной независимости и надежд на благополучное европейское будущее новорожденного государства... Капитаном парома стал выпускник Таллинского мореходного училища и Ленинградского инженерного морского училища имени адмирала С. О. Макарова Арво Андрессен, до этого командовавший экипажем пассажирского парома «Георг Отс».

«Эстония» была чем-то бóльшим, чем просто бизнес-проект. Паром стал гордостью и надеждой новой Эстонии.

В свой последний рейс паром отправился вечером 27 сентября 1994 года выходом из Таллинна. Судном командовал Арво Андрессен, но на его борту в тот рейс находился и второй капитан Аво Пихт, который должен был утром следующего дня сдавать лоцманский экзамен на проводку судна в гавань Стокгольма.

Когда утром 27 сентября «Эстония» входила в таллинскую гавань, на пароме внезапно обнаружилась серьезная неисправность — из-под визира (носового люка) потекла вода. Для того чтобы привести в порядок болт атлантического запора, в носовую часть парома послали матроса, вооруженного кувалдой. Хотя механизм, связывающий носовой визир парома с корпусом судна должен управляться простым нажатием кнопки в ходовой рубке, на «Эстонии» уже давно им управляли гораздо проще — с помощью кувалды. Но, несмотря на эту неисправность, никто и не думал отменять регулярные рейсы и ставить «Эстонию» в док на ремонт. О том, что паром давно находился в аварийном состоянии, стало известно уже после трагедии, а пока — компания «Эстлайн» держала это в тайне, тем самым подвергая смертельному риску и экипаж, и всех пассажиров. В своем расследовании причин катастрофы немецкая журналистка Ютта Рабе узнала многое о том, что посредством парома «Эстония» мог осуществляться наркотрафик, а также контрабандные поставки в Швецию. Возможно, именно поэтому «Эстония» должна была работать без передышки... Например, перед последним рейсом парома «во время обеденного перерыва на автопалубу въехали через открытую аппарель два автофургона. Они привезли на борт свежее белье. Остановившись со стороны правого борта, непосредственно перед дверью лифта, ближайшего к кормовой части палубы, водители фургонов выгрузили из своих машин большие серые мешки и занесли их в кабину лифта. Но поднялись они на лифте не на палубу обслуживающего персонала, а на самый верх, на палубу VIII, откуда их спустили в помещение под палубой мостика через люки этой палубы... Можно с большой уверенностью утверждать, что в этих мешках находилось совсем не белье, а что-то совсем другое, что должно было быть нелегально ввезено в Швецию. Многое говорит именно за то, что в этих мешках находились наркотики или какой-то другой контрабандный груз. Об этом мне рассказывали независимо друг от друга многие члены команды, которые не захотели назвать себя. Существование такой практики на пароме подтвердили мне также и двое военнослужащих эстонской армии, имена которых я пообещала не раскрывать», — пишет Ютта Рабе.

В 18 часов 27 сентября на борт «Эстонии» началась погрузка автотранспорта. Перед тем как автомобиль въезжал на автопалубу, его досматривал сотрудник таможенной службы порта. На каждую машину таможенники заполняли так называемый castom-list, после чего транспортное средство допускалось к погрузке и размещению на палубе парома. Затем сотрудники компании «Эстлайн» составляли карго-лист, в котором перечислялись все автомашины и контейнеры, загруженные на паром. Этот документ по факсу передавался в офис компании в Стокгольме.

Так было всегда. Но перед последним рейсом «Эстонии» в этой привычной практике произошел загадочный сбой…

27 сентября офицер команды, занимавшейся погрузкой, почему-то вписал лишь неполные данные последней грузовой машины. А когда через пять лет после трагедии член экспертной немецкой группы капитан Хуммель получил копию перечня грузов парома, то в нем нашлась рукописная пометка еще об одной грузовой машине, которая вообще не фигурирует в карго-листе компании «Эстлайн». Итак, на борту парома один грузовик находился тайно, его перевозку по какой-то причине пытались засекретить. Напрашивается предположение, что и первая машина с неполными данными, и второй «секретный» грузовик перевозили в Швецию нелегальные грузы. Выжившие в катастрофе пассажиры потом утверждали в разговоре с журналистской Юттой Рабе, что два каких-то грузовика загружались на паром в сопровождении военного эскорта. Может быть, это и были те самые грузовики, которые перевозились в режиме секретности?

Была и другая странность — опять-таки в нарушение устоявшейся практики, карго-лист не был передан по факсу в Стокгольм…

При выходе из порта в свой последний рейс «Эстония» уже имела крен примерно в 2 градуса на правый борт. По заключению экспертов, перегрузка парома автотранспортом вряд ли могла вызвать этот крен… Остается только предположить, что на борту судна находился еще какой-то достаточно тяжелый груз, о котором ничего не знали таможенники. Он-то, этот таинственный «невидимка», и мог вызвать крен судна.

Если бы «Эстония» благополучно совершила рейс 27–28 сентября 1994 года, то, скорее всего, никто не обратил бы внимания на такие «странности», как не внесенный в карго-лист грузовик или небольшой крен судна.

Все эти «странности», может быть, были не делом случая, а системой.

В последний рейс «Эстония» отправилась с опозданием — не в 19:00, а примерно на полчаса позже. Поэтому, чтобы наверстать опоздание, парому приходилось идти с максимальной скоростью, невзирая на плохие погодные условия.

Пассажиры коротали вечерние часы в ресторанах и барах, на дискотеках и в магазинах беспошлинной торговли. Волнение на море было ощутимым, но не настолько, чтобы кто-то из пассажиров парома стал нервничать.

В десятом часу вечера началась сильная качка. Многие пассажиры почувствовали первый приступ морской болезни. Несмотря на это, капитан Арво Андрессен не стал давать команду о снижении скорости, и «Эстония» шла со скоростью 18 узлов против ветра. Высота волны достигала уже шести метров.

Около часа ночи пассажиры «Эстонии» услышали резкие звуки, похожие на выстрелы, и металлические удары, по корпусу парома прошла сильная вибрация, которая, как показалось пассажирам, никак не была связана с качкой и ударами волн. В баре танцующие начали терять равновесие, полетели на пол бокалы...

Капитан Арво Андрессен, который ужинал в ресторане со шведскими лоцманами, услышал странные звуки, встревожено поднялся из-за стола и поспешно поднялся в рубку. Что дальше происходило с капитаном, где он находился во время кораблекрушения — остается загадкой, его голос, как ни странно, отсутствует в записи переговоров тонущей «Эстонии»... По официальным данным, Андрессен погиб, но где и в какой момент той страшной ночи настигла его смерть — неизвестно.

Вахтенный матрос Сильвер Линде, который в эти минуты находился для контрольного осмотра на автопалубе, впоследствии рассказывал Ютте Рабе: «Я почти потерял равновесие и едва смог устоять на ногах. Шум шел откуда-то сбоку, я даже не могу точно сказать откуда [...] Я не могу утверждать, что это был взрыв, но уж очень странный был этот звук, такого я раньше никогда не слышал». Последовали еще два громких удара, корпус «Эстонии» продолжал сотрясаться от вибрации. А в коридорах палубы I, которая находится ниже ватерлинии, появилась вода. Она также сочилась из вентиляционных отверстий. Внезапно «Эстония» стала крениться на правый борт. В коридоре матрос Линде столкнулся с пассажиром, одетым только в нижнее белье. Человек кричал, что его каюта наполовину заполнена водой.

Многие пассажиры, решив, что судно село на мель, побежали из нижних палуб наверх. Один из них, еще не утративший способности шутить, поинтересовался, не появились ли на Балтике айсберги. Финский маркетолог Пер-Эрик Эрнстен впоследствии рассказывал Ютте Рабе, что, когда он, напуганный громкими звуками и начавшимся креном судна, наспех оделся и, не взяв с собой ничего из личных вещей, опрометью побежал на верхние палубы, на трапе он встретил трех мужчин, которые были тепло одеты и несли в руках сумки. Они шли от VII палубы, где находились каюты членов экипажа. Эрнстена поразило, что среди всеобщей паники и криков эти люди поднимались по трапу так спокойно и деловито, словно в происходящем не было ничего страшного. У Эрнстена невольно возникло впечатление, будто эти прекрасно экипированные люди заранее подготовились к кораблекрушению, и оно не застало их врасплох.

В 1 час 22 минуты была объявлена внутрисудовая тревога, паром «Эстония» послал первые сигналы бедствия. Сигнал SOS, как оказалось, был подан непосредственно перед опрокидыванием судна, когда никакая помощь уже не успевала подоспеть на место аварии... В это время автомобили на грузовой палубе начали срываться с мест и биться о переборки. Все усиливавшийся крен практически лишал людей возможности передвигаться.

После объявления тревоги у пассажиров было не более двадцати минут для того, чтобы выбраться на верхнюю палубу, сесть в шлюпки или надувные плоты. Для тех, кто находился на нижних палубах парома, шансов спастись уже практически не было.

Когда начались качка и крен, пассажир Александр Воронин упал и повредил позвоночник. В каютах людей болтало, словно в барабане стиральной машины. Несмотря на сильную боль в спине, Воронин сумел подняться на верхнюю палубу буквально перед тем, как «Эстония» ушла под воду. Оказавшись в воде, он увидел спасательный плот и из последних сил поплыл к нему. Однако взобраться на плот было не простой задачей — боль в спине с каждым мгновением усиливалась, двигаться мешала мокрая одежда. Александр вынужден был сорвать всю верхнюю одежду и только после этого, в одних плавках, вскарабкался на плот. Всю ночь он вычерпывал руками воду и только на рассвете его спас шведский вертолет. Удивительно, как выжил этот мужественный человек — со сломанным позвоночником, практически голый, в ледяной воде.

Работник судового магазина «Эстонии» Тиммо Веса, почувствовав, что судно кренится, побежал на верхнюю палубу и надел спасательный жилет. С тонущего парома его смыло волной, но, по счастью, недалеко оказался плот, на котором уже находилась одна женщина-шведка. Выбравшись из воды, Тиммо помог еще нескольким пассажирам. На помощь им пришел паром «Mariella». Несколько раз с парома бросали тросы, но зацепить их было не за что…

…В 1 час 35 минут вода заполнила ходовую рубку — именно в это время остановились корабельные часы, впоследствии поднятые водолазами. А через десять минут огромная «Эстония», мертвенно освещенная ярким лунным светом, уже лежала на борту, почти вверх килем, а ее корма начала уходить под воду. За корпус судна цеплялись уцелевшие пассажиры. Люди, которые все еще пытались здраво оценивать обстановку, кричали, что не нужно бросаться в воду, так как тонущий паром обязательно продержится на воде, пока не прилетят вертолеты спасателей. Но эти надежды не оправдались. Пассажиры падали в ледяную воду — кого-то смывало волной, а кого-то сбрасывала непрекращающаяся качка.

Около двух часов ночи радиоэхо парома «Эстония» исчезло с экранов радиолокаторов — над судном сомкнулись волны Балтики... Вместе с ним утонули отчаянно цеплявшиеся за корпус парома пассажиры. Кому не досталось места на спасательных плотах, погибли от переохлаждения. Еще за минуту до того, как паром полностью ушел под воду, спасшиеся пассажиры слышали крики о помощи, раздающиеся внутри судна.

Командование спасательной операцией взяла на себя Финляндия, так как катастрофа случилась в ее спасательной зоне. В начале третьего часа ночи пассажирский паром «Mariella», получивший сигнал бедствия с «Эстонии», первым пришел к месту катастрофы. Экипаж парома не поверил своим глазам, увидев в море одни лишь плоты с чудом уцелевшими пассажирами, невозможно было вообразить, что гигантская «Эстония» так быстро ушла под воду. Экипажу парома удалось вытащить из воды дюжину утопающих. Около трех часов ночи над местом катастрофы появились первые спасательные вертолеты, но при попытках поднять из воды полузатопленные плоты тросы то и дело обрывались, и люди опять падали в воду. Некоторые из них умерли уже на борту вертолета от переохлаждения и шока. Ночью в спасательной операции участвовало четыре вертолета (два финских и два шведских), от участия дополнительных вертолетов пришлось отказаться, так как существовала опасность, что в темноте они столкнутся друг с другом.

К девяти часам утра из воды извлекли последних выживших. С рассветом перед спасателями открылся пустынный морской пейзаж, и трудно было поверить, что под толщей воды сейчас лежит огромный паром с несколькими сотнями трупов. Один из пилотов впоследствии рассказывал: «Мы видели порядка сорока плотов, но большинство были пустыми. Почему так мало спасенных, так мало тех, кто смог выбраться с затонувшего парома? Если бы большинство находившихся на пароме оказались в воде, а не ушли под воду вместе с судном, мы бы минимум половину спасли».

В результате трагедии погибло 852, а спаслось всего 137 человек...

...В конце сентября 1994 года водолазы обследовали корпус затонувшего судна, и тогда были опубликованы фотографии, на которых видно, что оторванный визир лежит в отдалении от парома. Весьма показательно, что тендер на водолазные работы на месте гибели судна выиграла фирма *Rockwater*, гарантировавшая использование только английских и американских водолазов, которые, в свою очередь, обязывались сохранить секретность результатов поиска. Эта обстановка секретности вызывает множество вопросов. «Эстония» — гражданское судно, а не режимный объект вроде подводной лодки или крейсера, и ничего секретного в обстоятельствах катастрофы не должно быть в принципе. Кстати, по некоторым данным, фирма *Rockwater* входит в американский концерн *Halliburton*, частично принадлежащий вице-президенту США Дику Чейни. Еще более странным кажется данное водолазам задание вскрыть каюту на палубе IV и найти там какой-то чемодан с документами. Этот чемодан был обнаружен водолазами в каюте, которую обычно занимал второй капитан «Эстонии» Аво Пихт. Что находилось в чемодане — осталось тайной. К этой тайне, скорее всего, был причастен и бесследно пропавший капитан Пихт.

1 октября Сирья Пихт пришла в офис компании «Эстлайн», где ей показали официальный факс, в котором среди спасенных значился и ее супруг. Незадолго до этого коллеги капитана Пихта увидели его в новостном телерепортаже, где он выходил из микроавтобуса возле больницы в Турку. У друзей и знакомых не оставалось сомнений в том, что Пихт был спасен.

Бывший председатель комиссии по расследованию обстоятельств катастрофы парома «Эстония» Анди Мейстер утверждает, что вероятность спасения Пихта во время кораблекрушения значительно больше, нежели его гибели.

Однако напрасно Сирья ждала мужа — он больше никогда не переступил порог своего дома. Есть достоверные сведения, что Пихта из воды подобрал вертолет, доставив его на остров Уте, откуда он был перевезен в больницу в Турку. Именно в это время Аво Пихт и попал в объектив видеокамеры.

А дальше следы второго капитана теряются. Выжив, по всей вероятности, при катастрофе парома, Пихт таинственно исчез в первые после трагедии дни...

По непроверенным данным, через год после катастрофы капитана Пихта узнали среди посетителей одного из баров в Гамбурге, а позднее его якобы видели на курорте Ривьеры... Вообще на протяжении уже многих лет не смолкают разговоры о том, что погибшие члены экипажа «Эстонии» внезапно «воскресают», их встречают за границей, где эти люди живут под другими именами. Возможно, это всего лишь слухи, но бесследное исчезновение капитана Пихта заставляет серьезно относиться даже к самым фантастическим гипотезам.

Может быть, когда-нибудь капитан Пихт объявит о своем возвращении?

И тогда он расскажет *правду*...

Ведь иначе мы *правду* не узнаем никогда.

Итак, что за мощная сила так стремительно утащила огромное судно в пучину вод?.. В октябре 1994 года появились первые официальные заключения о причинах катастрофы, согласно которым «Эстония» затонула из-за скопления воды на автопалубе, куда она попала через носовую рампу. Весивший 55 тонн носовой визир по официальной версии был потерян, еще когда «Эстония» шла полным ходом. Причиной потери визира стали поломки элементов его запирания. Когда визир ушел на дно, рампа оказалась беззащитной перед штормом, и судно зачерпнуло несколько тонн воды. Впоследствии один из сопредседателей комиссии, профессор Таллинского технического университета Яан Метсавеэр в интервью журналу «Итоги» так рассказывал о гибели парома: «В ту ночь было сильное волнение на море. Ветер достигал 28 метров в секунду, волны поднимались на высоту 6 метров. Мы провели сложные расчеты, которые подтвердили наши предположения о причинах отрыва носовой части. Ее на кораблях этого типа удерживают три замка — один нижний и два боковых. Все началось с левого бокового. Не выдержав напора волн, он стал потихоньку расшатываться, треснул, а затем и вовсе развалился. После этого расшатались и развалились остальные два замка. Аппарель (трап для въезда транспорта), потеряв устойчивость, рухнул на механизм, обслуживающий визир, и он открылся. Пошел забор воды. Образовался крен градусов 15–20 на правый борт. Вода стала заливать трюмы парома все больше и больше, вследствие чего крен начал нарастать. Двигатели остановились. Затем в какой-то момент „Эстония" стала выравниваться, но последовал резкий крен, градусов 50–60, и корабль в считанные минуты пошел ко дну. Выжить могли только люди, находившиеся на верхних палубах либо еще не успевшие уснуть. Многих задавили во время паники, многие погибли, так и не успев выбраться из кают»[1].

Казалось бы, Яан Метсавеэр нарисовал убедительную картину катастрофы. Но все же он не ответил на все вопросы, и многих специалистов его точка зрения не устраивает. С другой стороны, катастрофа «Эстонии» — отнюдь не единичный случай за время эксплуатации судов этого класса. В 1987 году в Ла-Манше перевернулся направлявшийся в бельгийский порт Зеебрюгге паром «Херальд оф фри Энтерпрайз», перевозивший более четырехсот пассажиров. А через несколько лет возле острова Рюген в Северном море опрокинулся паром «Ян Хевелиус». Некоторые специалисты утверждают, что паромы, подобные «Эстонии», крайне уязвимы в силу своей слабой устойчивости. Кроме того, после катастрофы выяснилось, что, хотя сертификат позволял «Эстонии» совершать плавание в любую погоду и в любых морях, по своим техническим характеристикам паром не был готов к подобной эксплуатации.

Немецкая журналистка и продюсер Ютта Рабе, которая сразу же не поверила официальным версиям гибели «Эстонии», посвятила несколько лет расследованию трагедии «балтийского „Титаника"». Сегодня она является, пожалуй, самым известным и бескомпромиссным борцом за правду о судьбе затонувшего парома. В журналистском расследовании Ютте Рабе пришлось столкнуться и с недоверием, и с открытым противодействием, и с прямыми угрозами, но, кажется, ничто не может остановить эту храбрую женщину. Она не только

[1] *Жеглов А.* Загадка балтийского «Титаника» // Итоги. 2001. 25 сент.

встречалась с выжившими пассажирами и членами команды «Эстонии», но и стала вдохновителем весьма рискованной экспедиции к месту аварии, а также организовала независимую экспертизу образцов металла погибшего судна. Если Ютта Рабе действительно докопалась до истины и все ее выводы верны, то мы можем с большой степенью вероятности говорить о трагедии «Эстонии» как о массовом убийстве, а не как о «несчастном случае». Расследование журналистки подтверждает версию о том, что паром погиб в результате взрыва, а не технических неисправностей и погодных условий, как гласит официальная версия.

Непримиримым противником официальной версии гибели «Эстонии» стал и американский миллионер Грегг Бемис, который состоит членом «Общества морских инженеров-судостроителей», изучающего причины морских катастроф. Кроме того, Бемис — профессиональный водолаз и совладелец нескольких водолазных фирм. Грегг Бемис уверен: «„Эстония“ не могла затонуть из-за того, что вода устремилась на автомобильную палубу. Скорее всего, она стала поступать снизу. Это могло случиться из-за образовавшегося во внешнем корпусе отверстия. Взрыв или небрежный ремонт — два возможных объяснения причины катастрофы». В 2000 году Бемис разыскал Ютту Рабе. Несмотря на то что по международному договору погружение к месту гибели «Эстонии» запрещено под страхом ареста, Бемис и Ютта Рабе на борту гидрографического судна «One Eagle», принадлежащего судоходной компании с офисом на острове Сант-Винсент, предприняли экспедицию к затонувшему парому. Юристы, приглашенные Бемисом, нашли тонкий ход: им удалось доказать, что запрет исследовать место гибели «Эстонии» не распространяется на граждан тех государств, которые не присоединились к этому соглашению. А значит, американец Бемис и немка Рабе могли приближаться к затонувшему судну совершенно свободно.

Когда судно «One Eagle» приблизилось к месту катастрофы, члены экспедиции Бемиса увидели корабли шведской и финской береговой охраны. Как заметила Ютта Рабе, курсы

«One Eagle» и этих кораблей, которые стояли на страже подводного захоронения, пересекались точно над местом гибели «Эстонии». По радиосвязи представитель финской береговой охраны проинформировал экипаж «One Eagle» о том, что в этом районе запрещено спускать водолазов в соответствии с финским и шведским законодательством. Через несколько минут офицеры береговой охраны поднялись на борт гидрографического судна. «Шведский офицер обратился к нам с речью, — вспоминает Ютта Рабе. — Он официально заявил, что Швеция рассматривает нашу акцию как противозаконную и что нам впоследствии придется испытать неприятности со стороны полиции...» Однако ничем, кроме грозных предупреждений, офицеры не могли помешать экспедиции, и, согласившись выпить с экипажем «One Eagle» по чашке кофе, они покинули борт гидрографического судна. В последующие дни работы экспедиции над судном регулярно появлялись вертолеты береговой охраны. Экипаж «One Eagle» чувствовал, что за каждым их шагом пристально наблюдают.

А тем временем водолазы производили видеосъемку парома. Им также удалось вырезать из корпуса «Эстонии» образцы металла. Водолазы увидели огромное количество разбросанных вокруг корпуса парома трупов, хотя по официальной версии никаких тел на дне не было, все погибшие якобы находятся внутри судна...

Металл — неподкупный свидетель, и именно он сегодня помогает раскрыть многолетнюю тайну гибели «Эстонии»... Ютта Рабе пишет: «При взрывном воздействии изменяется кристаллическая структура стали. Взрыв разрушает отдельные зерна углерода, и они рассыпаются подобно крошкам хлеба. Это объясняется кратковременностью взрывного воздействия, с которым не может сравниться никакое механическое воздействие». По инициативе Ютты Рабе исследования образцов металла погибшего парома провели в лаборатории по испытанию материалов в Бранденбурге под руководством профессора Циглера, который пришел к однозначному выводу, что металл подвергся воздействию взрыва. Не успокоившись на этом заключении, Ютта Рабе обратилась в институт материаловедения и испытаний материалов в городе Клаусталь-Целлерфельд к доктору Нойберту. «Он исследовал этот образец иными методами, чем те, которые использовались в Бранденбурге, — рассказывает Ютта Рабе, — но пришел к аналогичному заключению: образец подвергся воздействию взрыва». Повреждения в носовой части парома, пишет Ютта Рабе, «несут характерные, видимые глазом признаки взрыва: там, где были вырваны отверстия в корпусе, их края выглядят подобно распустившимся тюльпанам, но с острыми краями, а также сильными вздутиями металла, которые возникают только при быстром, подобном удару, расплавлении».

Немецкая компания *Meyer Werft*, на верфи которой была построена «Эстония», провела собственное независимое расследование, в котором пришла к заключению, что аварийное техническое состояние судна было вызвано не его конструктивными особенностями, а безграмотной эксплуатацией. Более того, *Meyer Werft* обвинила расследовавшую кораблекрушение комиссию в том, что она скрыла от общественности ряд фактов, в частности о некой пробоине по правому борту, которая образовалась, скорее всего, в результате взрыва... В 2001 году директор компании Вернер Гуммель заявил, что располагает доказательствами того, что судно «без сомнения, стало объектом террористического акта».

Еще одна версия гибели, в целом не противоречившая результатам расследования Ютты Рабе, была обнародована в России. Некая аналитическая группа «Феликс», состоявшая из отставных офицеров госбезопасности, утверждала со ссылкой на данные внешней разведки, что «Эстония» была потоплена контрабандистами, нелегально перевозившими на борту парома кобальт и героин. Узнав, что шведские власти вышли на их след и в Стокгольме паром уже поджидает полиция, контрабандисты сами подняли визир судна, чтобы затопить автопалубу. Согласно информации «Феликса», сотруднику охранной фирмы «Эстониан секьюритиз», а в прошлом заместителю директора таможенного комитета Эстонии Игорю Криштаповичу удалось подслушать и записать телефонный разговор капитана «Эстонии» Арво Андрессена и наркодельца по имени Юри. Через три недели после катастрофы «Эстонии» Игорь Криштапович был убит двумя выстрелами в затылок в центре Таллинна, а его убийц так и не нашли. Кто был заказчиком убийства Криштаповича, осталось загадкой, но совершенно очевидно, что эстонская полиция не стала прилагать особых усилий для раскрытия преступления.

Сегодня есть все основания говорить о том, что паром «Эстония» использовался для перевозки оружия. В 2004 году бывший начальник шведской таможни Свен Петер Олссон рассказал, что якобы в 1994 году военные и таможенники договорились о том, что прибывающие паромом машины с военными грузами будут пропускаться без досмотра. Вывозили же из Эстонии вооружение, которое приобреталось у находившихся здесь вплоть до 31 августа 1994 года частей Российской армии. В ответ на эти сенсационные признания таможенника последовала реакция со стороны правительства Швеции: премьер-министр Йоран Перссон в резкой форме заявил, что военные скрыли от правительства факты перевозки российского военного оборудования. Тогда представитель министерства обороны Швеции все-таки признал, что паром «Эстония» действительно перевозил военные грузы, но в ночь катастрофы их на борту якобы не было. Таким образом, официально был признан факт использования парома «Эстония» для тайной транспортировки российского военного оборудования и вооружения. Видимо, нашлись влиятельные люди, которые решили остановить вывоз военных грузов, избрав для этого самый жестокий способ — террористический акт. С гибелью «Эстонии» разрушался коридор и для контрабанды, и для вывоза бывшего советского оружия.

Когда в прессе стали появляться первые сообщения относительно продажи российского военного оборудования в Эстонии и транспортировки его паромом в Швецию, МИД России сделал заявление, что не обладает никакой официальной информацией о возможном нахождении российского военного оборудования на затонувшем в Балтийском море пароме. «Какая-либо официальная информация на этот счет не поступала ни от эстонской, ни от шведской стороны», — подчеркивалось в комментарии МИДа[1].

В 2006 году международная группа специалистов в составе ученых Гетеборгского политехнического института Чалмерс, а также сотрудников кафедр судостроения двух шотландских и голландского вузов, в течение года расследовавшая по заданию шведского правительства обстоятельства катастрофы, пришла к выводу, что гибель парома была вызвана не штормом и не ошибочными действиями экипажа, а большой пробоиной, образовавшейся в донной части корпуса судна. Отсюда следовал определенный вывод, что «Эстония» погибла в результате диверсии. Пробоина, вероятнее всего, возникла именно в результате взрыва, о звуках которого рассказывают выжившие пассажиры «Эстонии». По мнению экспертов, паром не мог затонуть в результате отрыва носового визира, как утверждается в докладе официальной комиссии. О существовании же огромного, диаметром в несколько метров, отверстия в нижней части корпуса «Эстонии» свидетельствуют фотографии, сделанные управляемым подводным аппаратом.

Еще в 1995 году Эстония, Финляндия и Швеция заключили договор, согласно которому потерпевший крушение паром никогда не будет поднят на поверхность, а погружение к его обломкам и подъем на поверхность останков жертв трагедии или их вещей будет считаться преступлением. Любой человек, попытавшийся погрузиться к «Эстонии», должен быть арестован. Что и говорить, мера прямо-таки ошеломительной строгости! Позже к этому странному договору присоединились Россия, Дания, Латвия, Литва, Польша и Великобритания. Место гибели «Эстонии» в Балтийском море с координатами 59 градусов 22 минуты северной широты и 21 градус 48 минут западной долготы было объявлено местом захоронения, то есть кладбищем, территория которого патрулируется военными фрегатами. Навсегда затонувший паром, видимо, станет подводной «братской могилой». Паром лежит в относительно неглубоком месте, и операция по его подъему вполне

---

[1] Российская газета. 2004 г. 11 декабря.

могла быть осуществлена. Таким образом, на дальнейшее изучение причин аварии наложено «вето». Лежащая на дне «Эстония» — это своего рода памятник смутному времени 1990-х годов, когда на развалинах Союза создавались новые государства, вспыхивали новые конфликты и войны, а в каждой из получивших независимость стран рвались к власти криминальные группировки, государственное имущество шло «с молотка», в том числе — оружие. Трагическая история парома «Эстония» с его криминальным следом, сотнями безвинных жертв, с контрабандой оружия и наркотрафиком — это воплощение самого духа той эпохи. Трюмы, каюты и палубы парома «Эстония» скрывают уникальные «подводные клады» — материальные свидетельства лихих времен. Но станут ли они источником для будущих историков — большой вопрос.

Страны, заключившие этот договор, словно бы поддерживают друг друга в желании навсегда скрыть правду о том, что же в действительности произошло в ночь с 27 на 28 сентября в Балтийском море. Ведь если бы паром был поднят на поверхность, то многие тайны, связанные с его гибелью, были бы раскрыты. Но некие могущественные силы очень этого не хотят.

Могла ли в августе 2000 года начаться третья мировая война?

…И всем казалось, что радость будет,
Что в тихой заводи все корабли,
Что на чужбине усталые люди
Светлую жизнь себе обрели.
И голос был сладок, и луч был тонок,
И только высоко, у Царских Врат,
Причастный Тайнам, — плакал ребенок
О том, что никто не придет назад.

Александр Блок

Две русские Цусимы

В начале XX века Россия пережила крупнейшую военно-морскую катастрофу — Цусимское сражение, в котором фактически был уничтожен российский флот. Цусима имела не только огромное военно-стратегическое значение, она явилась причиной тяжелой моральной травмы, настоящего национального шока, который стал важным фактором в крушении Российской империи. Поражение в Цусимской битве обнажило проблемы, которые существовали на флоте, в вооруженных силах страны, во всей системе государственного управления. Оно стало «моментом истины», знамением неминуемой расплаты за ошибки и преступления.

Гибель подводной лодки «Курск» летом 2000 года оказало на страну такое же ошеломляющее воздействие. Причем горечь утраты была еще сильнее, чем в 1905 году, ведь тогда шла Русско-японская война, а катастрофа в Баренцевом море произошла в мирное время. Моряки эскадры Рожественского приняли бой за честь и славу Родины, а за что погиб экипаж атомохода «Курск»?..

Вспоминаются слова известного военно-морского историка, капитана первого ранга Виталия Доценко, который писал в книге «Мифы и легенды русской морской истории»: «С каким пафосом описаны ...подвиги „Варяга", „Корейца", „Адмирала Ушакова", „Тумана", „Александра Сибирякова" и других кораблей, которые погибали, не спустив флаг перед врагом. Но мало кого интересовали вопросы: почему эти корабли оказывались в безвыходном положении, единственным выходом из которого было самозатопление?.. Корабли ведь создают не для самозатопления с гордо поднятым флагом, а для того, чтобы в военное время решить поставленные перед ними задачи». Корабли создаются не для того, чтобы они погибали. Главная доблесть защитника Отечества — не в том, чтобы погибнуть, а в том, чтобы вернуться домой победителем. А уж если такие трагедии случаются в мирное время, в своих водах и без участия даже потенциальных противников — значит, Военно-морской флот переживает очень тяжелые времена.

Август по печальной традиции стал для России самым критическим в году. С последним летним месяцем связаны самые громкие катастрофы, террористические акты, политические катаклизмы и вооруженные конфликты новейшей истории нашей страны. Из года в год именно в августе история испытывает Россию на прочность, посылая все новые и новые испытания. Катастрофа атомохода «Курск», вооруженный конфликт с Грузией, авария на Саяно-Шушенской ГЭС — все это трагические приметы российского августа. И каждый раз, вступая в последний летний месяц, россияне с тревогой смотрят на календарь.

12 августа 2009 года был третий предпоследний день учений Северного флота в Баренцевом море. В учениях было задействовано более тридцати надводных и подводных кораблей, девять береговых частей и две воздушные армии.

Согласно плану учений, атомоход «Курск» должен был обнаружить и атаковать корабли условного противника.

Экипажу предстояло выполнить сначала ракетную стрельбу по мишени, а затем условную ракетную стрельбу по авианосной многоцелевой группе. На борту «Курска» находилось 118 человек, в том числе — 5 старших офицеров, представителей штаба Северного флота. Атомоход был оснащен 24 пусковыми установками крылатых ракет П-700 «Гранит» с дальностью действия более 500 километров и 4 торпедными аппаратами калибра 535 миллиметров.

В декабре 1996 года командиром атомной подводной лодки «Курск» (К-141) был назначен капитан первого ранга Геннадий Петрович Лячин. В недолгой биографии «Курска», который справедливо был назван «убийцей авианосцев», моментом славы и настоящим «звездным часом» стал поход в Средиземное море. В те трагические дни, когда силы НАТО начали бомбить Югославию, российский подводный ракетный крейсер с полным вооружением под командованием капитана первого ранга Геннадия Лячина появился в зоне дислокации американской авианосной ударной группировки. Российской субмарине удалось незамеченной пройти через Гибралтар, причем «Курск» оказался настолько бесшумным, что его не смогли засечь натовские гидроакустические буи. Лодка приближалась к натовским кораблям вплотную, причем иногда даже на перископной глубине. Не на шутку встревоженное командование 6-го американского флота даже объявило премию командирам своих кораблей за обнаружение неуловимой российской субмарины, наводившей ужас на натовцев. Но премию эту никому не удалось заслужить — «Курск» ушел так же незаметно, как и появился у натовцев под носом.

Возможно, именно боевое присутствие ракетного крейсера «Курск» в немалой степени способствовало прекращению бомбежек Югославии. Россия продемонстрировала силу. После этого похода командира «Курска» принял исполняющий обязанности президента России В. В. Путин. Впоследствии отец Геннадия Лячина Петр Степанович скажет: «Я уверен, лодку американцы потопили! Они ему не простили, что он все их ловушки обошел в своем дальнем походе».

В 1999 году Герой России Геннадий Лячин с гордостью говорил про свой атомоход «Курск»: «Корабль наш вообще, можно сказать, уникальный, имеющий перед подлодками противника целый ряд преимуществ. К тому же такой класс кораблей, совмещающих торпедное и ракетное оружие, у них вообще отсутствует. У нас оружие превосходит их образцы и по мощности, и по дальности радиуса действия, и по спектру своих возможностей, поскольку при необходимости мы имеем возможность одновременно атаковать из глубин океана множество целей: то есть наносить удары по наземным объектам, одиночным кораблям и крупным их соединениям. Кроме того, лодка имеет хорошую маневренность, высокую скорость движения в подводном положении».

В последнее воскресенье июля 2000 года «Курск» принимал участие в военно-морском параде в честь дня ВМФ. Это был последний парад атомохода. Счет жизни лодки уже пошел на дни…

В 22 часа 30 минут 10 августа 2000 года в соответствии с поставленной перед экипажем Геннадия Лячина боевой задачей «Курск» вышел из губы Западная Лица и в 10 часов утра находился уже в заданном районе. До 13 часов атомоход совершал маневрирования, а затем произвел выстрел крылатой ракетой «Гранит» по назначенной цели. 12 августа «Курску» предстояло произвести атаки двумя практическими торпедами по корабельной поисково-ударной группе в составе тяжелого атомного ракетного крейсера «Петр Великий», противолодочных кораблей «Адмирал Чабаненко» и «Адмирал Харламов». Практическая торпеда была укомплектована аккумуляторной батареей новой модификации, поэтому боевое упражнение совмещалось с контрольно-серийными испытаниями торпеды.

Атомная подводная лодка «Курск» под командованием капитана первого ранга Геннадия Лячина обнаружила учебную цель в районе патрулирования и легла на боевой курс. В 6 часов 8 минут 12 августа о готовности субмарины к атаке Лячин доложил командующему Северным флотом адмиралу Вячеславу Попову.

При подготовке учений Северного флота, еще в мае 2000 года, планировалось отработать технологию спасения затонувшей субмарины. 11 мая Агентство военных новостей распространило информацию, что «в соответствии со сценарием учения атомная подводная лодка в результате „аварии“ должна лечь на грунт, а спасательное судно „Михаил Рудницкий“ (проект 05360) обеспечит выход на поверхность „пострадавшего экипажа“». Подобные учения не проводились уже много лет. Все так и произошло в действительности, — но авария оказалась уже не учебной, а реальной.

В 11.30 командир гидроакустической группы атомного ракетного крейсера «Петр Великий» старший лейтенант Андрей Лавринюк увидел на индикаторе кругового обзора сигнал, который, как он впоследствии рассказывал, давая показания в Главной военной прокуратуре, был размером с пятирублевую монету. «Одновременно с этим в динамике послышался хлопок, похожий на звук лопнувшего шарика. Об этом я доложил в боевой информационный центр, на ходовой мостик и на центральный командный пункт. Сразу, в момент вспышки и хлопка из динамика, я почувствовал, что по кораблю прошел гидродинамический удар», — свидетельствовал Лавринюк.

В это время командующий Северным флотом адмирал Вячеслав Попов стоял на ходовом мостике крейсера «Петр Великий». Адмирал, как и все, почувствовал, что крейсер вдруг буквально заходил ходуном… Баренцево море было спокойным, но огромный корабль качнуло, как в сильный шторм.

— Что это у вас так трясет? — удивленно спросил Попов у начальника штаба оперативной эскадры контр-адмирала Владимира Рогатина.

— Это включили антенну радиолокационной станции, — ответил Рогатин.

Видимо, этот ответ Попова удовлетворил, хотя само по себе чрезвычайно странно, что командующий флотом поверил в версию, будто сильная тряска, от которой ноги подгибались в коленях, вызвана работой антенны… По крайней мере, Попов не стал выяснять причину странной качки.

Донесению командира гидроакустической группы о странной вспышке тоже никто не придал значения. Впоследствии в этом легкомыслии будет обвинен командир «Петра Великого» капитан первого ранга Владимир Касатонов, о котором в материалах следствия говорится, что командир крейсера «не выполнил своих обязанностей по организации классификации обнаруженных гидроакустических целей и сигналов». Проще говоря, виноват в том, что *не заметил очевидного*.

А между тем… Погибающий «Курск» отделяло от «Петра Великого» сорок километров. И несмотря на это расстояние, атомный ракетный крейсер водоизмещением в 24 тысячи тонн стал вибрировать от сильнейшего гидроакустического удара.

Тем временем торпедной атаки «Курска» все не наблюдалось. Сам по себе факт несостоявшейся атаки еще не повод для самых мрачных предположений, но в случае с «Курском» таких подозрительных «странностей» накопилось слишком много… Связи с субмариной не было. Как решили на командном пункте, на лодке вышли из строя средства связи.

Не дожидаясь всплытия «Курска», адмирал Попов на вертолете улетел сначала на авианесущий тяжелый крейсер «Адмирал Кузнецов», а затем — на берег, где начал давать интервью журналистам о том, что учения прошли успешно. Никто серьезно не задавался вопросом, почему образцовый экипаж атомохода «Курск» под командованием Героя России Геннадия Лячина не выполнил стрельбу… Лячин должен был выйти на контрольный сеанс связи и, как положено, доложить: «*Всплыл, оставил район боевой подготовки*». Но на связь «Курск» так и не вышел. Субмарина молчала.

В 17:20 оперативный дежурный Северного флота получил приказание от начальника штаба Михаила Моцака: «Спасательному судну „Михаил Рудницкий“ установить готовность к выходу в море один час. Отсутствует плановое донесение от подводной лодки К-141». А с 18 часов 14 минут по приказанию начальника штаба уже начинается поисково-спасательная операция.

В 19:47 с «Петра Великого» начали вызывать исчезнувший атомоход разрывами гранат, что делается только в самых экстренных случаях. Было произведено несколько серий гранатометаний, но «Курск» не отзывался.

Поздним вечером 12 августа командование Военно-морского флота доложило о ситуации в Баренцевом море президенту России В. В. Путину, который отдыхал в Сочи. Президента заверили, что флот справился с ЧП на учениях собственными силами… Путин наверняка вспомнил встречу с Геннадием Лячиным, которая состоялась после похода «Курска» в Средиземное море, и президенту, вероятно, тоже было трудно поверить в то, что во время учений один из лучших экипажей Военно-морского флота России попал в безвыходное положение...

Уже после полуночи перед «Петром Великим» поставили новую задачу: искать «Курск» в районе действий атомохода. Вскоре крейсер зафиксировал лежащий на дне моря крупный объект. Возникло подозрение, что «Петр Великий» обнаружил упавший на грунт атомоход, однако на поверхности моря никаких следов, указывающих на аварию, обнаружить не удалось — ни аварийного буя, ни пятен мазута и топлива, ни пузырьков воздуха. Однако акустики крейсера зафиксировали звуковые аномалии, похожие на стук.

Утром в район обнаружения неизвестного объекта, лежащего на дне, подошло спасательное судно «Михаил Рудницкий», а на борт «Петра Великого» прибыл адмирал Вячеслав Попов, вступивший в руководство поисково-спасательной операцией.

К поиску субмарины была привлечена и авиация Северного флота. В воздух поднялся противолодочный самолет Ил-38, но ему не удалось обнаружить аварийную лодку. Однако летчики увидели на поверхности моря масляное пятно, зафиксированное в точке с координатами Ш 69038, Д 37034. Для обозначения пятна были сброшены два радиобуя.

Невольно создается ощущение, будто командование ВМФ до последнего момента боялось сообщить президенту правду. Трудно сказать, когда именно до главы государства довели информацию об истинном положении дел на Северном флоте. Для президента России Владимира Путина, который только лишь год назад принял пост премьер-министра страны, наступили, наверное, самые трудные дни за те месяцы, что он стоял во главе государства. Прежде всего ему пришлось убедиться в том, что руководство военного ведомства не доводит до него всей информации, более того — многое попросту скрывается... Например, Путин говорил журналистам, что спасательная операция на Баренцевом море началась без всяких промедлений, как только «Курск» исчез. Но в материалах уголовного дела четко зафиксировано, что атомоход был «объявлен аварийным с опозданием на 9 часов»! Естественно, президент ориентировался на информацию своих подчиненных, которые по понятным причинам не хотели признать допущенных ошибок. Вообще за время катастрофы официальные лица разного уровня выдали в эфир немало лжи. Причем лжи явно преднамеренной и сознательной. Например, говорилось, что с экипажем «Курска» установлена радиосвязь, что на борт по кабелям поступают электрический ток и кислород. Это говорилось в то время, когда экипаж «Курска» подавал сигналы бедствия ударами по корпусу... Когда после гибели атомохода Владимир Путин приехал на Северный флот для встречи с родственниками погибших, женщина — вдова или мать погибшего моряка, — в отчаянии крикнула Путину: «*Они же вас, президента, обманули!*» Скорее всего, эти слова Путину запомнились.

Экипаж «Курска» считался образцовым и одним из самых лучших на Северном флоте. Представление о «Курске» как о самой надежной, практически неуязвимой субмарине в конце концов сыграло роковую роль. Возможно, именно уверенность в ее непотопляемости заставило командование Северного флота отнестись к исчезновению лодки без должной обеспокоенности. Об этом пишет адвокат Борис Кузнецов: «*Что, „Курск“ утонул? Бред. Если бы хоть кто-нибудь в тот злополучный субботний день высказал такое предположение, над ним бы смеялся весь Северный флот*».

В понедельник днем, 14 августа, на глубину спустили спасательный аппарат «колокол» (небольшую подводную лодку, которая рассчитана на подъем 10–15 человек), и специалисты смогли более пристально изучить лежащую на грунте субмарину. Хорошо видны были повреждения, разломы и трещины в корпусе. Учитывая небольшую глубину этого района Баренцева моря, специалисты прогнозировали, что проблем с подъемом лодки не должно возникнуть. Спасателям было уже известно, что носовые отсеки лодки, где находятся торпедные аппараты, сильно повреждены.

Моряки долго не могли понять, почему все-таки не всплыл аварийный буй, который они на поверхности моря высматривали до рези в глазах... Но тщетно. Только потом было установлено, что буй всплыть не мог ни при каких обстоятельствах... А ведь если бы он всплыл, «Курск» был бы найден значительно раньше, а значит, шансы на спасение выживших членов экипажа резко возросли бы!..

Тем временем медицинские учреждения Мурманска и Североморска начали готовиться к приему членов экипажа потерпевшей бедствие подлодки.

И только в этот понедельник пресс-служба Военно-морского флота сделала официальное заявление, что атомная подводная лодка «Курск» из-за возникших на ее борту «неполадок» легла на дно в Баренцевом море. Те, кто читал это сообщение, скорее всего, даже не придали серьезного значения новости из Баренцева моря... Слово «авария» все еще не употребляется, более того — пресс-служба подчеркивает, что с лодкой установлена связь, хотя на самом деле уже третий день от экипажа «Курска» не было никаких вестей. Ядерного оружия, как успокаивала общественность флотская пресс-служба, на «Курске» нет, главная энергетическая установка заглушена, а подъем субмарины на поверхность пройдет без всяких осложнений, экипаж жив. Словом, выходило, что и ЧП, в общем-то, нет никакого... Перед выходом в море экипаж «Курска» был обеспечен запасами продовольствия, питьевой воды и воздуха примерно на 5–6 суток. Хотя даже визуальное обследование лодки показало, что серьезно повреждены носовые отсеки, а это давало веские основания предполагать, что на «Курске» есть человеческие жертвы.

После подъема «колокола» выдвигаются первые версии аварии. Прежде всего, было высказано предположение, что на «Курске» взорвались торпедные аппараты, о чем свидетельствовали повреждения носовой части атомохода. Другой версией стало столкновение с иностранной лодкой. А если вторая версия справедлива, то недалеко от российской субмарины должна находиться и чужая лодка, также получившая повреждения. Однако она так и не была обнаружена.

14 августа Великобритания предложила России помощь: более сотни бригад спасателей для подъема субмарины.

Если говорить о том, что мы знаем наверняка, то следует выстроить такую цепочку фактов. Атомоход «Курск» шел на глубине 20 метров с поднятым перископом. И внезапно два удара или взрыва с интервалом в две минуты отшвырнули лодку на дно Баренцева моря на глубину 108 метров. Место аварии — 69 градусов 40 минут северной широты и 37 градусов 35 минут восточной долготы. Взрыв в носовом отсеке разорвал переборки, уничтожив всех членов экипажа, находившихся во втором, самом населенном, в третьем, четвертом и пятом отсеках. Сила взрывной волны ослабла лишь у особо усиленного шестого — реакторного отсека. Первый отсек оказался затопленным. Сработала аварийная защита реактора. Сразу вырубилось освещение, задымились от короткого замыкания электрощиты. Характерно, что лодка не смогла даже подать аварийный сигнал (о том, почему это случилось — чуть позже). Нельзя было воспользоваться и капсулой всплывающей спасательной камеры, которая находилась в центре разрушенной боевой рубки. Капитан первого ранга Виктор Суродин, давно знакомый с Геннадием Лячиным, говорил: «Я уверен на все сто: минимальный шанс, и Гена спас бы экипаж. Он не из тех, кто растерялся бы». Капитан первого ранга Николай Черкашин писал о Лячине: «Он был высоким и весомым — ровно 105 килограмов. В отсеках командира звали „Сто Пятым“:

— Полундра, Сто Пятый идет!

Знали, Сто Пятый за небрежность, за упущения спуску не даст — ни командиру отсека, ни последнему трюмному. Но звали его еще и Батей, а это с давних времен наивысший командирский титул. „Слуга царю, отец солдатам...“»

Спасти «Курск»

В поисках пропавшего «Курска» гидроакустики «Петра Великого» засекли звуки, которые четко напоминали удары по железу. С определенной периодичностью доносилось по девять ударов с постоянными интервалами. Это были сигналы бедствия, которые подавала аварийная субмарина. О том, что члены экипажа упавшей на грунт лодки подают сигналы единственно возможным для них способом — с помощью стука, рассказал журналистам вице-премьер Илья Клебанов. Командир штурманской боевой части «Петра Великого» капитан 3 ранга Е. Голоденко давал свидетельские показания, что 13 августа примерно в 1 час 20 минут, находясь на ходовом мостике, он слышал стуки, которые можно было принять за сигнал SOS. Гидроакустик матрос О. Л. Зырянов, заступивший на вахту 13 августа в 8 часов, тоже слышал стуки, которые представляли собой серию тройных ударов. Стуки были слышны и 14 августа — об этом тоже есть свидетельские показания. В интервью капитану первого ранга писателю Николаю Черкашину адмирал Попов говорил: «Акустики докладывали о стуках из отсеков. Они были приняты трактом шумопеленгования гидроакустического комплекса „Полином“. Но быстро прекратились. Мы надеялись, что, услышав наши винты, подводники поняли, что их нашли, и теперь экономят силы»[1].

Однако впоследствии генеральный прокурор Устинов на всю страну объявил, что этих звуков с «Курска» ...вообще не было!.. Спрашивается, зачем говорить вещи, которые ставят вице-премьера в положение дезинформатора?.. Выскажем предположение, что для этого есть веские причины. А именно: если звуков не было, то, значит, к началу спасательной операции из экипажа «Курска» уже никого не осталось в живых. Следовательно, нет прямой связи между задержкой спасательных мероприятий и гибелью людей на борту аварийной субмарины. Если верить Клебанову, то — промедле-

---

[1] *Черкашин Н.* Унесенные бездной. Гибель «Курска». Хроника. Версии. Судьбы. М., 2001.

ние погубило выживших после взрыва подводников. А если верить Устинову, то — спешить спасателям уже было некуда. «К моменту обнаружения затонувшего атомного подводного крейсера „Курск“ спасти кого-либо из них было уже невозможно», — заявил генеральный прокурор.

15 августа, несмотря на пятибалльный шторм, продолжались спасательные работы. Штаб спасательной операции разместился на борту атомного крейсера «Петр Великий». Вечером со спасательного судна «Михаил Рудницкий» спустили глубоководный спасательный аппарат «Приз», который должен был состыковаться со шлюзовым люком «Курска». Через этот люк планировали эвакуировать с терпящей бедствие субмарины уцелевших членов экипажа. Но «присосаться» к лодке никак не удается, аппарат вынужден подняться на поверхность... Погодная обстановка в районе аварии оставалась стабильно тяжелой, и прогноз на ближайшие сутки не давал повода для оптимизма. Сильная зыбь шла по поверхности Баренцева моря. Мощное подводное течение, практически нулевая видимость осложняли работу спасателей на глубине.

...Нижегородское конструкторское бюро «Лазурит» давно занимается разработкой глубоководных спасательных аппаратов. В 1980-е годы на заводе «Красное Сормово» было спущено на воду пять аппаратов «Бриз», которые передали Северному и Тихоокеанскому флотам. При спасении «Курска» задействовали «Бриз», но, как считает контр-адмирал Николай Григорьевич Мормуль, «подвела безалаберность. Аккумуляторные батареи были старыми, и их емкость быстро вырабатывалась. Пока аппарат искал лодку, затем люк на лодке, центровался, батарея „села“, и аппарат вынужден был всплыть. Для зарядки аккумуляторной батареи требовалось минимум восемь часов. Почему не получается посадка на комингс-площадку у наших специалистов, управляющих спасательным аппаратом? В бюро „Лазурит“ считают, что экипажи спасателей давно не выходили в море, не тренировались. Нет нормальных аккумуляторных батарей, на аппаратах из экономии держат старые батареи»[1].

---

[1] *Мормуль Н. Г.* От «Трешера» до «Курска». СПб., 2001. С. 27.

В 11 часов утра 16 августа глубоководный аппарат «Бестер» попытался состыковаться с «Курском», но опять безрезультатно. Неудачей кончаются и попытки доставить на атомоход новые запасы кислорода.

19 августа была обнародована информация, что причиной гибели лодки стал прогремевший на ее борту взрыв большой разрушительной силы. Но загадка заключалась в том, что этот взрыв произошел, когда лодка уже легла на дно Баренцева моря. Что стало причиной удара лодки о грунт, оставалось необъяснимым.

20 августа начальник штаба Северного флота адмирал Михаил Моцак признал, что на Северном флоте нет глубоководных водолазов, поэтому спасательные операции не могут обойтись без помощи норвежских специалистов. В этот же день к месту катастрофы прибыло норвежское судно «Сиуэй Игл», доставив в район бедствия глубоководных водолазов. На следующий день первая группа норвежских и британских спасателей приступила к операции. Они установили, что герметичная пристыковка к «Курску» британской минисубмарины LR-5 затруднительна — комингс-площадка аварийной лодки сильно деформирована. Норвежцы, осмотрев лодку, заявили, что корпус ее имеет огромные повреждения, а два носовых отсека разрушены. Проще можно было сказать, что носа у лодки нет совсем. Похоже, говорили иностранные специалисты, вся субмарина затоплена и спасать там уже некого. Все-таки водолазы «простукивали» корпус, и им удалось обнаружить несколько пустот, которые свидетельствовали о наличии воздуха внутри. В тот же день руководитель правительственной комиссии по расследованию причин аварии вице-премьер И. И. Клебанов сделал заявление, что экипаж подводной лодки уже не подает признаков жизни.

Вслед за этим руководство ВМФ России заявило, что готово принять помощь иностранных государств, в частности Великобритании и Норвегии. Президент России В. В. Путин дал санкцию на привлечение зарубежной помощи. О готовности помочь Северному флоту заявил президент США Билл Клинтон.

От американской помощи отказались отнюдь не потому, что российская сторона питала некое патологическое недоверие к США. Дело было вовсе и не в удаленности американских спасательных средств от Баренцева моря, ведь, в конце концов, их реально было доставить на Северный флот самолетом. Как ни странно, американцы не могли похвастаться образцовым состоянием своих средств спасения. Предложенные российскому флоту спасательные аппараты «Эвелон» и «Мистик» были построены тридцать лет назад и безнадежно устарели, поэтому вряд ли могли быть чем-то полезны. Естественно, они не шли ни в какое сравнение с современными техническими средствами Норвегии и Великобритании, чья помощь действительно оказалась необходимой.

Ранним утром 21 августа норвежские водолазы смогли вскрыть верхнюю крышку кормового аварийного люка. Людей в аварийно-спасательной камере не оказалось. На этом операция по спасению экипажа была по сути завершена. Стало окончательно ясно, что никто не остался в живых. В тот же день вице-премьер Илья Клебанов фактически признал, что самостоятельно Россия не сможет осуществить операцию по подъему «Курска». «Это будет международный проект», — сказал Клебанов.

Впоследствии в адрес командования ВМФ было высказано немало упреков относительно того, что иностранную помощь приняли слишком поздно. Но ведь боевые учения — это не то место, куда можно легко допустить иностранцев. Понятно, что перед командованием стояла сложная дилемма. С одной стороны, надежды на спасение экипажа «Курска» без привлечения иностранной помощи рухнули, а с другой — при допущении к работе на месте аварии иностранных специалистов возникал совершенно реальный риск, что кто-то из них мог оказаться разведчиком, который получил бы возможность увидеть новую систему вооружения атомохода «Курск». Возник конфликт между соображениями национальной безопасности и ценностью человеческих жизней. Но если очевидно, что собственные возможности никак не позволяют провести полноценную спасательную операцию, то почему же вышло так, что британцы и норвежцы начали помогать «Курску» по меньшей мере на пятые сутки после аварии?.. К этому времени уже практически никто не сомневался в том, что весь экипаж субмарины погиб. Вряд ли столько времени потребовалось, чтобы разрешить сомнения относительно совместимости люков российской подводной лодки и спасательных аппаратов зарубежного производства. «Нельзя забыть ту душевную боль, которую вызывала потеря многих завоеваний нашего флота. Где могучие спасательные буксиры? Где снаряжения для глубоководных водолазных работ? Вначале перестройка, а затем неуклюжие либеральные реформы в своем безалаберном развитии прошли тяжелым катком по силам обеспечения боевой готовности Военно-морского флота», — вспоминал те горькие дни академик, генеральный конструктор ЦКБ «Рубин» Игорь Дмитриевич Спасский.

Впоследствии выяснилось, что еще 26 июля 2000 года (за две недели до начала учений в Баренцевом море) начальник Главного штаба ВМФ России адмирал Виктор Кравченко направил на Северный флот телеграмму, где требовал «обеспечить дежурство спасательного судна с подводным аппаратом в составе спасательного отряда». Но командование флота этот приказ проигнорировало. А командир единственного реально действующего на Северном флоте спасательного судна «Михаил Рудницкий» капитан второго ранга Юрий Костин на допросе 28 августа 2000 года сообщил, что ему вообще не были точно известны сроки учений в Баренцевом море…

В ходе спасательной операции опять возникло странное противоречие между высказываниями официальных лиц. Вице-премьер Илья Клебанов говорил журналистам, что Россия располагает лучшими в мире спасательными средствами, которые и задействованы для помощи «Курску». Однако где же эти замечательные средства, если люк субмарины был открыт лишь на девятый день после аварии, притом специалистами НАТО, то есть — будем говорить откровенно, — силами потенциального противника?.. Капитан второго ранга в запасе, бывший старший водолазный специалист Северного флота Анатолий Вырелкин говорил, что еще «пятнадцать лет назад поисково-спасательная служба Северного флота справилась бы с этой задачей всего за сутки. Тогда в распоряжении были три специально оборудованных спасательных судна с глубоководной аппаратурой, в том числе и „колоколом“. На каждом из этих кораблей были группы водолазов-глубоководников. Кроме того, была подводная лодка с двумя снарядами… Эта лодка элементарно могла бы лечь на грунт рядом с „Курском“ и произвести все необходимые работы независимо от метеоусловий. […] Сегодня на Северном флоте не осталось ни одного специального корабля. Люди, управляющие сейчас батискафами, никогда не проводили учений по реальной стыковке с подлодкой. Да и глубоководных водолазов нет ни одного»[1]. Ни для кого не секрет, что в перестроечные и ельцинские времена российский флот чудовищно обнищал и естественно, что на спасательной технике пришлось экономить. Рвется всегда там, где тонко. Рано или поздно российский флот должен был столкнуться с такой бедой, какая разразилась в Баренцевом море в августе 2000 года.

Даже лютые противники советского строя в один голос говорили: в Советском Союзе уровень готовности спасательной службы не был таким ужасающе низким…

Когда 21 октября 1981 года при входе во Владивостокскую бухту на глубине 31 метр попала в аварию дизельная субмарина С-178, которую разрезал форштевень рыбацкого рефрижератора, на помощь экипажу срочно прибыла спасательная лодка «Ленок», которая провела уникальную операцию, приняв на свой борт людей с терпящей бедствие лодки. Но подобных технических средств к моменту катастрофы в Баренцевом море у России уже не осталось, и бедственное состояние поисково-спасательных служб вынудило российский флот уповать лишь на иностранную помощь.

Зато у англичан в «боевой готовности» оказалась мини-субмарина LR-5, которая спроектирована так, что может приближаться к рубке терпящей бедствие субмарины, закре-

[1] Трагедия «Курска»: наши читатели предлагают помощь // URL: http://www.flb.ru/infoprint/4171.html (дата обращения 07.12.2009).

плять вокруг аварийного люка «переходное кольцо» и через него эвакуировать экипаж группами по 16 человек. Если бы на «Курске» остались живые члены экипажа, то британская лодка могла бы им помочь, но, к сожалению, она осталась незадействованной — спасать было уже некого.

Конечно, такую беспомощность невозможно назвать иначе, как национальным позором России. Наступила тяжелая расплата за десятилетие пренебрежительного отношения российской власти к вооруженным силам, ведь, как гласит мудрый афоризм, «кто не хочет кормить свою армию, тот будет кормить чужую».

Весь мир наблюдал за спасением атомохода, вслушиваясь в бесстрастные слова хроники операции на Баренцевом море, как в сводку боевых действий.

Приступая к операции, спасатели возлагали главные надежды на девятый отсек лодки (его называют «кормовой отсек-убежище»), где должны были находиться моряки. Как потом оказалось, эти надежды были обоснованными, потому что выжившие после взрыва 23 члена экипажа собрались в девятом отсеке, действительно ставшем для них убежищем, сюда же перенесли все средства спасения — гидрокостюмы, индивидуальные дыхательные аппараты, изолирующие противогазы. Объем девятого отсека — 1070 кубических метров. И хотя в этом отсеке были выполнены все необходимые действия для его герметизации, вода стала проникать через поврежденную пожаром вентиляцию. Общее командование уцелевшим экипажем после гибели Геннадия Петровича Лячина, скорее всего, взял на себя старший по званию — капитан-лейтенант Дмитрий Колесников. О том, что шансы на спасение тают с каждой минутой, знали все, но все-таки верили, что спасательная операция уже началась... Генеральный прокурор В. Устинов в своем докладе о гибели «Курска» впоследствии скажет о моряках, оказавшихся в девятом отсеке: «*Следствием установлено, что, несмотря на острую стрессовую ситуацию и сложившиеся экстремальные условия, оставшиеся в живых подводники действовали организованно, целеустремленно, не были подвержены паническим настроениям и под руководством офицеров предпринимали все возможные меры к спасению корабля и экипажа, действуя при этом грамотно и самоотверженно»*.

Паники в девятом отсеке не было. Освещение в отсеке отсутствовало, но были штатные аварийные фонари, которыми и пользовались моряки. Лежащий на полу шланг воздушнопенной лодочной системы пожаротушения свидетельствовал о том, что они подготовились даже к борьбе с пожаром. Судя по всему, моряки собирались покинуть лодку свободным всплытием, для чего были приготовлены дыхательные аппараты. Но открыть аварийно-спасательный люк, оказавшийся тоже поврежденным, они так и не смогли. Его смогли открыть только водолазы с помощью специальных ключей, когда живых людей на «Курске» уже не осталось.

На десятый день после катастрофы на Северный флот прилетел президент Владимир Путин. Его ждал очень непростой разговор с родственниками погибших. Прежде всего президенту пришлось ответить на вопрос, почему он не прилетел сразу же после того, как узнал о трагедии в Баренцевом море. «Я с самого начала должен был для себя решить: лететь или не лететь? И я спросил военных: я могу там чем-нибудь помочь? Они твердо сказали „Нет“. Да один слух, что я сюда приеду, что тут произвел бы? Никакой работы не было бы несколько дней», — объяснил Путин.

Ложь про бунт, или Сенсация за пачку сигарет

Кто о смерти скажет нам пару честных слов,
Жаль нет черных ящиков у павших моряков.
Карандаш ломается, холодно, темно…
Капитан Колесников пишет нам письмо:

<…>

Нас осталось несколько на голодном дне.
Три отсека взорвано, да три еще в огне.
Знаю — нет спасения, но если веришь — жди,
Ты найдешь письмо мое на своей груди.

«Курск» могилой рваною дернулся, застыл,
На прощанье разрубил канаты ржавых жил.
Над водою пасмурно, чайки, корабли.
На земле подлодка спит, но как далеко до земли.

После о случившемся долго будут врать.
Расскажет ли комиссия, как трудно умирать.
Кто из нас ровесники, кто герой, кто чмо.
Капитан Колесников пишет нам письмо.

Юрий Шевчук

Но появилась и другая, если так можно выразиться, довольно хамская и циничная по отношению к экипажу погибшего атомохода гипотеза, которую обнародовала газета «Версия» (10–16 апреля 2001 года). Ценой этой версии стала пачка сигарет, которую корреспондент отдал на въездном КПП за то, что его пропустили в закрытый город Североморск. И проникший сюда журналист якобы встретился с неким военным медиком, который присутствовал при вскрытии тела командира турбинной группы атомохода капитан-лейтенанта Дмитрия Колесникова, принявшего на себя командование «Курском» после гибели Геннадия Лячина. Якобы этот врач под большим секретом рассказал корреспонденту, будто бы он читал предсмертную записку Колесникова, где Дмитрий рассказывал, что, когда «Курск» после взрыва упал на дно, среди экипажа началась паника. Матросы начали прорываться на центральный пост, думая, что Геннадий Лячин жив. А когда Колесников их не выпустил из девятого отсека, они его избили. Якобы именно об этом писал в своей записке Дмитрий, но эту записку решили никому не показывать... Пересказывая содержание записки, медик будто бы утверждал, что Колесников сетовал, что у командира отсека нет пистолета. «Я бы их всех перестрелял», — такие слова из письма Колесникова врач приводил корреспонденту. Также, по словам медика, результаты вскрытия косвенно подтвердили, что перед смертью Колесникова били: у него были сломаны ребра и нос, на лице остались ссадины. Но на вскрытии присутствовали сотрудники ФСБ, которые приказали врачам молчать...

Можно, конечно, попытаться поразмышлять над этой версией, которая безо всякого документального подтверждения вся построена на слухах, претендующих на сенсационность, но лучше, наверное, обратиться к отрытому письму, написанному вдовой Дмитрия Колесникова. Она писала: «Я очень прошу оставить в покое родных и близких погибших моряков с „Курска", потому что жизнью их существование назвать нельзя. Сил становится все меньше и меньше, время на пользу не идет, и боль никуда не уходит. Я очень прошу журналистов, пишущих о „Курске": подумайте о том, что вы можете причинить боль своими статьями. Журналисты пишут: „На «Курске» был бунт!", „Дмитрия Колесникова избили!". Поймите, нельзя осуждать людей, оказавшихся в такой ситуации, потому что они погибали. Их можно только жалеть. Но Дима, если действительно все было так, как написано в этой газете, совершил подвиг, оставаясь до конца офицером и командиром, отвечавшим за жизни этих мальчишек. Зачем писать про это с таким плохо скрываемым злорадством, превращать подвиг в постыдный проступок? Якобы в записке Дмитрия была такая фраза: „Я жалею, что у меня нет пистолета. Почему не дают пистолетов офицерам, я бы всех их перестрелял". Это ложь, я видела всю записку, в ней нет этих слов — ни в части „личной", ни в части „служебной". Никто не избивал Дмитрия, я была на опознании и видела все своими глазами. От Димы остался обугленный череп, две ноги. Все остальное сгорело. В девятом отсеке, кроме него, были еще офицеры, взрослые, уравновешенные люди, они смогли бы навести порядок, если бы это потребовалось. Я не верю, что в погибающей лодке дело решалось кулаками. Мне кажется, когда им стало ясно, что спасения не будет, они плакали или молились. В Видяеве никогда не закрывались двери квартир, моряки вместе и радости переживали, и горе, оберегали друг друга, а к лодке своей относились как к женщине. Для них чувство дружбы было превыше всего, и я не верю, что кто-то мог думать только о своем спасении. Я не верю этой версии, и от этого мне больно». На стороне вдовы — и правда, и здравый смысл. Она достойно ответила искателям сенсаций.

Трудно представить, где корреспондент газеты нашел такого «разговорчивого» и «смелого» доктора, который, несмотря на грозное предупреждение сотрудников ФСБ, поведал ему сенсационные факты?.. Анонимность врача — это откровенный бред, ведь не составляет никакого труда выяснить, кто именно имел доступ к останкам поднятых со дна Баренцева моря подводников.

27-летний двухметровый рыжеволосый богатырь петербуржец Дмитрий Колесников, потомственный моряк-подводник, стал последним командиром «Курска». В своей жизни он словно бы следовал завету великого флотоводца Степана Осиповича Макарова: «*Моряк должен свыкнуться с мыслью умереть в море с честью. Должен полюбить эту честь...*» Ему хватило мужества и силы воли во тьме девятого отсека написать прощальную записку, где были слова: «Писать здесь темно, но попробую на ощупь. Шансов, похоже, нет… Хочется надеяться, что кто-нибудь прочитает. Здесь в списке личный состав отсеков, которые находятся в 8-м и 9-м и будут пытаться выйти. Всем привет. Отчаиваться не надо. Колесников». А на обороте — подробный список подводников с указанием боевых номеров матросов, с отметками о проведенной перекличке.

25 октября 2000 года водолазы Сергей Шмыгин и Андрей Звягинцев спустились через прорезанную брешь в восьмой отсек «Курска», прошли через переборочный люк в девятый, где обнаружили тела четырех подводников, среди них был и Дмитрий Колесников, в кармане которого нашли обугленный по краям листок с карандашными строками. Сергей Шмыгин рассказывал про девятый отсек: «Там было как в аду: все обуглено, оплавлено, все в копоти, искали на ощупь…»

Там, в девятом отсеке, произошла еще одна трагедия. Когда водолазы проникли в него, они обнаружили обугленные трупы. Значит, трагедию довершил пожар. Как он мог возникнуть? К вечеру в отсеке началось кислородное голодание, и было решено зарядить РДУ (регенерационные двухъярусные установки) свежими пластинами регенерации. Как пишет Николай Черкашин, «судя по тому, что посмертная записка Колесникова была в масляных пятнах, маслом, хлынувшим из лопнувших при взрыве гидравлических систем, было забрызгано все — и сами подводники, и стенки отсека. При попадании масла, даже одной капли, на пластину химически связанного кислорода — „регенерации", как ее называют подводники в обиходе, — происходит бурное горение, которое не останавливает практически ничто — ни вода, ни пена, ни порошок... Иногда вспышку „регенерации" вызывает даже вода, попавшая на пластину... Горящая „регенерация" превратила девятый отсек в подобие крематория...» Те члены экипажа, которые находились рядом с «регенерацией», погибли практически мгновенно от взрыва, который выжег весь кислород в отсеке и выделил огромное количество угарного газа. Выжившие после взрыва вскоре задохнулись.

«*Не надо отчаиваться...*» — предсмертный завет Дмитрия Колесникова, который принимал смерть вместе с другими членами экипажа, с людьми, которые были его боевой флотской семьей, честь которой зачем-то пытаются опорочить...

«На примере Дмитрия я буду флот воспитывать! Пока у России есть такие офицеры, как Колесниковы, можно не тревожиться за судьбу страны...» — сказал отцу Дмитрия Колесникова адмирал Вячеслав Попов.

Третья мировая начинается в Баренцевом море

Многие официальные лица, включая министра обороны России маршала Игоря Сергеева, склонялись к версии о столкновении с иностранной подлодкой. В интервью писателю Николаю Черкашину адмирал Вячеслав Попов сказал: «Из всех версий наиболее логичной считаю столкновение с иностранной подводной лодкой». В пользу этого предположения также говорили обнаруженные сигнальные буи, которые могли принадлежать другому участнику подводного инцидента. До сих пор никто не ответил на вопрос, почему эти буи не были подобраны и почему они не фигурировали в качестве вещественного доказательства на следствии?.. Просто увидели некие сигнальные буи и решили их не трогать?.. Странно, очень странно. Теперь несколько слов о том, почему же не всплыл аварийный буй самого «Курска». Как оказалось, буй не сработал потому, что в штатном месте пульта управления буем почему-то отсутствовал ключ пуска. Значит, в аварийной ситуации «Курск» не мог обозначить свое местонахождение. Как случилось, что аварийный буй был «заблокирован» — неизвестно, была ли то преступная халатность или, может быть, чей-то злой умысел. Если же это было сделано сознательно, то «заблокированный» буй — повод задуматься о том, что, возможно, *кто-то знал о грозящей «Курску» опасности*.

Если принять за отправную точку утверждение, что причиной гибели «Курска» стал взрыв боезапаса в первом торпедном отсеке, то следует иметь в виду, что сам по себе боезапас взорваться не мог. К взрыву привело мощное внешнее воздействие, то есть — подводное столкновение.

Как ни странно, сторонники этой версии нашлись даже в США. По замечанию «Нью-Йорк таймс», ряд американских военных экспертов допускают возможность столкновения российского «Курска» с натовской лодкой, но Вашингтон и Лондон стараются скрыть информацию о столкновении, чтобы не осложнить отношения с Россией. 21 августа министр обороны Игорь Сергеев сказал журналистам, что Россия официально запросила «через своего представителя при НАТО командование альянса о возможном местонахождении натовских кораблей в районе аварии». НАТО жестко отвергло возможность нахождения своих подводных лодок в Баренцевом море на территории учений Северного флота. Однако, как заметил маршал Сергеев, натовцы сделали к своему заявлению странное дополнение, что «если бы такой случай имел место, мы бы никогда этого не признали». Тем самым Североатлантический альянс однозначно подтвердил, что в случае столкновения натовской и российской подводных лодок факт своего присутствия в зоне учений российского флота натовцы никогда бы официально не признали. А значит, все их заверения — пустой звук.

Уголовное дело о гибели атомохода «Курск» было возбуждено 23 августа 2000 года, причем возбуждено оно было по признакам статьи 263 УК РФ — «нарушение правил безопасности движения и эксплуатации железнодорожного, воздушного или водного транспорта». Формулировка этой статьи подразумевает именно подводное столкновение. Как и с кем столкнулся «Курск», оставалось неизвестным.

В гипотетическом столкновении с американской субмариной нет ничего не только фантастического, но и сколько-нибудь неожиданного, если учесть, что подводных аварий с участием отечественных и американских субмарин насчитывается в общей сложности около двадцати.

В июне 1970 года у берегов Камчатки американская лодка «Тогот» столкнулась с советской атомной субмариной К-108, причем американский экипаж решил, что советская лодка при аварии погибла, и, не всплывая, полным ходом ушел в Перл-Харбор. Но К-108 сумела всплыть и вернулась на базу, принеся на своем борту обломки американского перископа. Окончание холодной войны не прекратило попыток слежения натовских сил за российскими кораблями. В феврале 1992 года американская лодка «Батон Руж», осуществляя скрытое слежение, столкнулась с российской субмариной проекта 945. Правда, тогда обошлось без жертв. Происходили такие инциденты и в Баренцевом море. Американская лодка «Грейлинг» в марте 1993 года также при попытке скрытого патрулирования столкнулась с российским стратегическим авианосцем К-407, причем лишь чудом американская субмарина не протаранила ракетный отсек К-407 — в этом случае, скорее всего, погибли бы обе лодки, оставив на дне Баренцева моря незаглушенные ядерные реакторы и шестьдесят с лишним ядерных боеголовок. На морском дне мог возникнуть новый «Чернобыль». Эти подводные инциденты замять не удалось, и президенту США Биллу Клинтону пришлось звонить в Москву и приносить извинения Борису Ельцину. Адмирал Эдуард Балтин подчеркивает: «Я не раз собственными глазами видел, как наши подлодки привозили на базу неопровержимые доказательства столкновения с иностранными субмаринами: куски обшивки, аварийные буи и т. д.».

Поэтому уместно предположить, что «Курск» пополнил список подобных инцидентов. 14 августа источник в администрации президента США, пожелавший сохранить анонимность, сообщил, что около места аварии «Курска» находились две американские подводные лодки. 18 августа член комитета Государственной думы по безопасности В. И. Илюхин заявил, что наиболее вероятной версией происшедшего в Баренцевом море он считает столкновение «Курска» с кораблем иностранного государства. Военные источники в Москве сообщали, что в 330 метрах от российской субмарины был обнаружен предмет, напоминающий ограждение рубки чужой подводной лодки, но в штабе Северного флота эту информацию не подтвердили.

Вполне вероятен такой сценарий: иностранная субмарина следила за «Курском», идя в нескольких сотнях метров от него, выше и сзади — со стороны винтов, то есть в той зоне, которая именуется «акустической тенью», где собственные шумы лодки сливаются с посторонними звуками. В этой «тени» российская субмарина не могла засечь другую лодку, которая «села на хвост». И когда «Курск» начал всплытие, произошло столкновение с преследователем, который пытался поскорее проскочить за корму «Курска», чтобы вновь оказаться в его «акустической тени». «Курск» ударился о дно иностранной субмарины и упал на скальные породы, покрытые илом... Находясь в момент аварии в более устойчивом положении, чужая лодка не упала на дно Баренцева моря, но, получив значительные повреждения, все-таки смогла самостоятельно уйти.

Через шесть дней после аварии в Баренцевом море американская подводная лодка «Мемфис» вошла в норвежский порт Берген. Несмотря на то что официально субмарина запросила разрешение войти в порт для пополнения запасов, тут же получила распространение информация, что «Мемфис» нуждался в ремонтных работах. Весьма показательно, что официально Пентагон отказался прокомментировать эту информацию, а также назвать местонахождение «Мемфиса» во время аварии «Курска». Видимо, американцам было что скрывать. Таким образом, нельзя однозначно исключить вероятность нахождения «Мемфиса» в Баренцевом море 12 августа. Может быть, именно эта лодка следила за нашим атомоходом?

Удивительно, что этот сценарий очень похож на историю аварии советской подводной лодки К-129, которая в марте 1968 года погибла у Гавайских островов. Через несколько дней после того, как советская лодка перестала выходить на связь, в японский порт Йокосука пришла и встала на ремонт американская атомная подлодка «Суордфош», у которой имелись значительные повреждения рубки. Подобные повреждения могли быть получены только при столкновении с другой лодкой. Военно-морские силы США отлично знали место гибели советской лодки, иначе как объяснить тот факт, что летом 1968 года американская лодка «Хэлибат» и судно «Мизар» легко отыскали лежащую на грунте К-129 и смогли ее обследовать. Точные координаты ее гибели можно было получить только от экипажа другого участника катастрофы — лодки «Суордфош».

Может быть, этот печальный сценарий имеет склонность к повторению?

Один из самых авторитетных военно-морских историков России, капитан первого ранга Виталий Дмитриевич Доценко насчитал тринадцать основных версий гибели «Курска». Сам же он в 2000 году по «горячим следам» выпустил книгу под названием «Кто убил „Курск“?», в которой изложил свою версию катастрофы. Он предположил, что командир находившейся в зоне учений американской подводной лодки

«Мемфис» счел выполнение учебной торпедной атаки субмариной «Курск» за настоящую атаку и в ответ выпустил боевую торпеду. Может быть, у американцев просто сдали нервы... Так как американская лодка находилась на боевом патрулировании, то ее оружие было готово к немедленному применению. В результате взрыва начался пожар в первом отсеке «Курска». Геннадий Лячин дал приказ всплывать, поэтому на лодке и был поднят перископ. Когда лодка уже начала маневр, в первом отсеке сдетонировал боезапас, после чего атомоход упал на дно. Нельзя исключать, полагает Виталий Доценко, что лодка «Мемфис» не ограничилась одной торпедой и чуть погодя сделала еще и трехторпедный залп. От близкого взрыва такой колоссальной мощности в результате гидродинамического удара и сама лодка «Мемфис» могла получить незначительные повреждения, о которых сигнализировал выпущенный аварийный буй — тот самый таинственный буй, замеченный русскими моряками... Не исключено, впрочем, что буй отделился от «Мемфиса» в результате воздействия ударной волны. Поэтому «Мемфису» и потребовалось идти на ремонт в Берген.

Почему «Мемфис» мог атаковать «Курск»? Дело в том, что командиры американских подводных лодок следуют инструкции, согласно которой в случае явного нападения они имеют право по своему усмотрению применять оружие для самообороны. Такого права командирам субмарин никогда не давалось ни в СССР, ни в современной России. Капитан первого ранга Николай Черкашин по этому поводу размышлял: «Это значит, что российское правительство (в отличие от американского) не доверяет своим командирам-подводникам здраво оценить обстановку в море и заранее приносит в жертву тот или иной экипаж ради сохранения мира от случайного развязывания войны. Если рассуждать об интересах всего человечества, тогда в подобном связывании рук есть свой благой смысл: кто-то из конфликтующих кораблей должен удержаться от ответного удара, воздержаться ценой собственной жизни... Кому воздерживаться и кому жертвовать — уже предписано: российским подводникам». Значит, «Курск» не мог противостоять «Мемфису», так как в случае нападения российская субмарина должна была прежде всего доложить об инциденте командованию и дожидаться разрешения на применение силы.

Если действительно имело место столкновение с американской подводной лодкой (или имела место ее торпедная атака), то мы можем говорить об августе 2000 года как о возможном начале третьей мировой войны. Инцидент в Баренцевом море вполне мог привести к конфликту двух держав — России и США. Мир оказался на грани русско-американской войны. Остается подтвержденным фактом, что сразу после катастрофы «Курска», во-первых, Владимир Путин провел телефонные переговоры с президентом США Биллом Клинтоном, а во-вторых, — в Москву на третий день после аварии приехал директор ЦРУ Джордж Тенет. Зачем вдруг срочно приехал в Россию глава ЦРУ, осталось неизвестным, но нельзя исключить, что приехал он именно для того, чтобы урегулировать инцидент в Баренцевом море.

Ускользающая истина

Гидрокосмос во сто крат труднодоступнее, чем просторы Вселенной. Когда подводные лодки освоили глубину только в триста метров, человек уже поднялся над землей на сотню километров.

Николай Черкашин

В официальном отчете, обнародованном в 2002 году генпрокурором Устиновым, говорится, что атомоход «Курск» погиб из-за взрыва учебной торпеды в торпедном отсеке. Однако уже много лет не утихают споры, из-за чего погибла лучшая субмарина Северного флота, и у официальной версии по-прежнему много оппонентов и критиков. Действительно, официальная версия содержит слишком много «белых пятен», которые активно заполняются как здравыми суждениями специалистов, так и политическими спекуляциями, слухами и дешевыми газетными сенсациями.

С первых дней катастрофы отрабатывалась версия о столкновении «Курска» с ледоколом или сухогрузом. Не исключал такую вероятность и вице-премьер Илья Клебанов. Герой Советского Союза адмирал Эдуард Балтин выстроил такую картину случившегося в Баренцевом море: «Лодка всплывала на сеанс связи. На „Курске“ отличный гидроакустический комплекс, его наибольшая эффективность достигается в глубоководных океанских районах. Но на малых глубинах в условиях Баренцева моря он не так эффективен в обнаружении надводных целей. В том районе ходят суда класса УЛ (усиленной ледовой конструкции) с так называемой „бульбой“ в носовой части — чтобы пробиваться через льды без сопровождения ледокола. Удар, катастрофический для подлодки, не смертелен для такого судна. Оно вполне может продолжить плавание. Лет пятнадцать назад в этом же районе произошло абсолютно такое же столкновение сухогруза с подводным ракетоносцем К-475. Тоже на всплытии! Один в один!». Итак, при всплытии «Курск» мог удариться о сухогруз, отчего субмарина пошла вниз и легла на грунт. От удара сработали аварийные защиты турбогенераторов и реактора. Вода хлынула в поврежденные отсеки.

Однако каким образом гражданское судно оказалось на территории, где проходили учения Северного флота?.. Никаких сухогрузов здесь, по идее, быть не должно. Но ведь это — только теоретически, а на самом деле подобный инцидент имел место 11 августа, когда около 12 часов дня через район учений в нарушение всех правил судоходства прошел сухогруз Северного морского пароходства «Механик Ярцев», следовавший в Бельгию. Адмирал Вячеслав Попов приказал срочно выдворить сухогруз из района учений. Если такой случай имел место однажды, то почему бы ему не повториться… Может быть, и действительно «забре́л» некий незамеченный корабль, бороздящий Баренцево море пролегающим здесь курсом Мурманск — Диксон. Адмирал Эдуард Балтин говорит, что капитан сухогруза, который мог стать виновником катастрофы, добровольно никогда не признается в случившемся, ибо ему грозит уголовное наказание за необеспечение необходимого надводного наблюдения. Если судно целенаправленно искать не будут, то само оно никогда не объявится. Другой вопрос — неужели гидроакустик «Курска», идущего под перископом, «проспал» такой огромный и шумный объект, как сухогруз?.. Возможно ли это? Некоторые считают, что — да, вполне возможно. Например, капитан первого ранга Валерий Богомолов полагал, что столкновение «Курска» могло произойти даже с атомным крейсером «Петр Великий». Для нанесения таких повреждений, какие получил «Курск», другой участник инцидента должен весить минимум в два раза больше субмарины, а «Петр Великий» с его водоизмещением в 28 000 тонн, скорее всего, даже не почувствовал, что мимоходом пропорол всплывающую субмарину, точно острый нож консервную банку. Впоследствии сообщалось, что после аварии именно «Петр Великий» оказался ближе всех к месту гибели атомохода. Случайно ли? «Со мной в тех местах такое случалось. Акустик докладывает: „Горизонт чист". Всплываем, а вокруг полно рыбаков», — говорил Валерий Богомолов, командовавший подводной лодкой Северного флота. Да, действительно, из-за малой глубины гидроакустический комплекс «Курска» мог оказаться недостаточно эффективным, но ведь атомный крейсер — это не чахлое рыболовецкое судно... И все же Богомолов полагает, что если «Петр Великий» лежал в дрейфе, то акустик «Курска» при всплытии с дифферентом на корму (то есть вверх носом) запросто мог не обнаружить даже такого гиганта в непосредственной близости. Выходит, что «Курск» всплывал практически вслепую.

Поначалу специалисты не исключали и вероятность подрыва «Курска» на мине времен Великой Отечественной войны. Могло ли в 2000 году прозвучать над Баренцевом морем эхо далекой войны?.. Начальник штаба Северного флота адмирал Михаил Моцак утверждал, что за последние годы было обнаружено девять таких мин. Однако слишком большие повреждения получила субмарина, чтобы всерьез принять версию о воздействии на ее корпус мины-рогатки. При подобном взрыве мог быть поврежден максимум один отсек подводной лодки, поэтому эту версию специалисты убежденно назвали «дурацкой». Кроме того, трудно предположить, что в районе учений, который основательно был протрален за долгие годы, до наших дней сохранилась якорная мина, которая не утратила после длительного нахождения в воде своих взрывных свойств. Известно, что со временем взрывчатое вещество утрачивает свои свойства.

Не могло не возникнуть и предположения о диверсии. Уже в первые дни катастрофы представители военной прокуратуры опровергали предположения о якобы имевших место на борту «Курска» террористических актах. Прибывший 24 августа на Северный флот директор Федеральной службы безопасности Н. П. Патрушев заявил, что на борту «Курска» находились два человека из одного из самых тревожных регионов страны Дагестана — гражданские специалисты, сотрудники каспийского завода «Дагдизель», который выпускает двигатели для подводных лодок. Когда адмирал Куроедов навестил в Каспийске мать погибшего на «Курске» конструктора «Дагдизеля» Мамеда Гаджиева, она просила его только об одном: «Скажите всем, что мой сын ни в чем не виноват!» С первых дней аварии спецслужбы тщательно проверяли этих людей, но никаких доказательств их диверсионных действий не было обнаружено. Вероятность совершения теракта была минимальной уже по той причине, что посторонние люди никак не могут появиться на борту такого режимного объекта, как ракетный атомоход, а искать террористов среди членов экипажа — занятие изначально нелепое.

В первые дни катастрофы некоторые СМИ подхватили информацию о том, будто «Курск» вышел в море без аккумуляторных батарей — резервного источника питания. Якобы нищета Северного флота дошла до таких чудовищных пределов, что атомоходы не снабжаются даже самым необходимым для выживания экипажа в экстремальных условиях. А при отсутствии аккумуляторных батарей срабатывание аварийной защиты реактора приведет к полному параличу — обездвиженная субмарина останется без света, систем жизнеобеспечения экипажа, без контроля за состоянием реактора, что, в свою очередь, может привести к ядерной аварии. Словом, неукомплектованность аккумуляторными батареями — это настоящее преступление и первый шаг к потенциальной катастрофе. Эту информацию о полнейшем беспределе опроверг помощник командира второго экипажа лодки «Курск» капитан третьего ранга Сергей Кравцов, который сказал журналистам, что на борту лодки имелся полный комплект аккумуляторных батарей.

Немало споров вызвала версия, что «Курск» был потоплен торпедой, выпущенной с других корабля или лодки во время учений. Сначала было случайное поражение торпедой, а потом сдетонировал боекомплект. Высказывались предположения, что «Курск» был поражен противолодочным оружием с крейсера «Петр Великий». На это капитан первого ранга Виталий Доценко отвечает: «...на учениях применяется только практическое оружие, и если бы, допустим, крейсер по ошибке выпустил имеющуюся на вооружении практическую ракето-торпеду „Метель" по „Курску", то она лишь поцарапала бы легкий корпус, не более того».

Словно бы для того, чтобы пресечь всякие разговоры о столкновении, натовские эксперты начали настойчиво продвигать версию о внутреннем взрыве на борту «Курска», например о взрыве торпеды при ее пуске, то есть внутри торпедного аппарата. Получается, что субмарина сама себя взорвала.

Возможно, при стрельбе торпеда застряла в аппарате, не вышла из него, но пороховой стартовый заряд почему-то сработал. Произошел взрыв, выбивший заднюю крышку торпедного аппарата. Температура в отсеке поднялась на сотни градусов и вызвала детонацию боезапаса. Но, говорит капитан первого ранга Николай Черкашин, если бы все происходило так, «то при открытой передней крышке (а иначе стрелять нельзя) выброс порохового заряда произошел бы вперед, как из ствола обычной пушки. Задняя крышка, как и замок орудия, остались бы на месте. Даже если бы ее вышибло, хлынувшая под давлением вода не позволила бы распространиться объемному пожару»[1]. Другое предположение заключается в том, что специалисты «Дагдизеля» начали выяснять причину отказа техники, для чего пришлось осушить торпедный аппарат и открыть его заднюю крышку. И в этот момент произошел подрыв пиропатронов и взрыв емкости с горючим торпеды. Самый главный аргумент против этой версии — в том, что «Курск» оказался на дне с поднятым перископом, а под перископом лодки не производят пуски торпед.

Любая авария атомной подводной лодки — это реальная угроза «морского Чернобыля», поэтому после катастрофы «Курска» встал вопрос, что делать с реактором... О судьбе экипажа еще не было никаких конкретных данных, а западные эксперты уже выражали серьезную обеспокоенность относительно радиоактивного заражения Баренцева моря. Заявления командования Северного флота о невозможности утечки радиации из аварийной подлодки на Западе были встречены скептически.

Однако известно, что далеко не каждый реактор потерпевшей бедствие субмарины поднимается на поверхность. По сей день на дне мирового океана лежат семь атомных подводных лодок, пять из которых — российские. У побережья штата Род-Айленд на глубине 2500 метров спит вечным сном затонувшая в 1963 году субмарина «Трешер» с ядерным реактором. На дне Бискайского залива в 1970 году нашла упокоение советская лодка К-8. Атомная подводная лодка К-219 с шестнадцатью ядерными ракетами на борту в 1986 году затонула к северо-востоку от Бермудских островов и до сих пор лежит на дне. Некоторые субмарины все же поднимаются на поверхность. Так, осенью 1997 года был осуществлен подъем атомной подводной лодки Тихоокеанского флота Б-313, которая затонула в марте того же года из-за того, что в холода образовались ледяные пробки в кормовых цистернах главного балласта. Забортная вода хлынула в отсеки, и минут за пят-

[1] *Черкашин Н.* Унесенные бездной. Гибель «Курска». Хроника. Версии. Судьбы. М., 2001. С. 80.

надцать субмарина ушла на дно. К счастью, тогда обошлось без человеческих жертв. Считанные минуты лодка тонула, но зато почти 150 дней понадобилось, чтобы поднять ее на поверхность имеющимися в распоряжении Тихоокеанского флота весьма скромными техническими средствами.

«Курск» и русско-британский сговор

Капитан первого ранга Сергей Дмитриев, служивший на Северном флоте, выступил на страницах «Независимой газеты» с предположением, что российский атомоход столкнулся вовсе не с американской, а с британской субмариной, причем британская лодка, по его гипотезе, тоже погибла в Баренцевом море. По его предположению, мы имеем дело с настоящим заговором, правда о котором остается тайной за семью печатями.

Примечательно, что еще не последовало официального заявления России об аварии «Курска», а английские спасательные силы уже были приведены в полную готовность и вышли в море, настойчиво предлагая свою помощь. Откуда же у них появилась столь оперативная информация о ЧП на учениях Северного флота? Может быть, от второго участника этого ЧП?..

А вторым участником катастрофы, согласно версии Сергея Дмитриева, оказалась британская многоцелевая атомная подводная лодка типа «Swiftsure». «Причиной гибели обеих лодок стало столкновение при взаимном маневрировании с целью восстановления утраченного гидроакустического контакта — ситуация, в общем-то, обыденная для современных сверхмалошумных АПЛ, поэтому винить англичан в преднамеренном таране, конечно же, нет никаких оснований. При столкновении с британской подводной лодкой произошла детонация боезапаса на АПЛ типа „Swiftsure" — до 20 единиц ПКР „Sub-Harpoon" UGM-84B и торпед „Tigerfish" Mk24 или „Spearfish" тех же типов — в сумме это от 2,6 до 6,8 тонны ВВ. Кроме того, возможно, было наличие 2–4 крылатых ракет

„Tomahawk“ в обычном снаряжении, но последние, разумеется, не сдетонировали, тем более что находились в торпедных аппаратах, а не в отсеке. Следует иметь в виду, что британская АПЛ несла боевую службу вблизи основных баз российских стратегических подлодок и потому, скорее всего, в ее боекомплекте большую часть составляли торпеды», — пишет Сергей Дмитриев.

После лобового удара двух субмарин и прогремевших один за другим взрывов у «Курска» полностью оторвало носовую оконечность, а британская лодка просто разбилась вдребезги, причем ее обломки как раз и сорвали верхнюю крышку спасательной камеры, что при попытках спасения экипажа имело роковое значение. С британской лодки всплыли два сигнальных радиобуя, на сигналы которых появились два натовских «Ориона». Работы на месте катастрофы велись натовцами уже в то время, когда Северной флот только начал поисковую операцию. Поэтому именно англичане стремились раньше всех прибыть в район катастрофы, но не для того, чтобы помочь «Курску», а чтобы обследовать место гибели своей субмарины. Между тем аварийную субмарину до прихода британских спасателей успели ободрать «как липку». С затонувшей британской лодки поднимались документы, аппаратура и сохранившиеся боеприпасы, а также ядерные боевые части. «Любопытно, что уже в первые дни после катастрофы в СМИ проникла информация о том, что первоначально рядом с „Курском“ российскими спасателями был обнаружен некий „подводный объект“, который затем якобы исчез (кстати, об этом, но весьма туманно, рассказывал и маршал Сергеев). На основании этого появилась версия о столкновении нашей лодки с иностранной, причем утверждалось, что сперва иностранная ПЛ также легла на грунт, но затем смогла исправить повреждения и уйти, причем незамеченной российскими кораблями», — размышляет капитан первого ранга Дмитриев. Однако возникает вопрос: почему же российское командование молчит о том, что недалеко от «Курска» покоятся на дне Баренцева моря обломки иностранной субмарины? На это Дмитриев отвечает весьма конспирологически, в духе «теории заговоров»: «Наши же руководители также вовсе не заинтересованы в опубликовании реальной причины гибели „Курска“ — за ее сокрытие Россия получила от Запада большие деньги, реструктуризацию долгов, отказ США от реализации национальной программы ПРО, инвестиции и много чего еще (любителям анализа советую просмотреть политические новости последних месяцев, особенно касающиеся российско-британских отношений). Поэтому нас будут еще долго дурить сказками про „столкновение с неизвестным объектом“, „подрыв на мине времен Второй мировой войны“ или „нештатную ситуацию с «толстой торпедой»“. Правды о гибели „Курска“ нам уже не скажут», — заключает он.

Россия всплывает

Захлебнулось Баренцево море
Мертвою титановой волной.
И Россия, черная от горя,
Мысленно в пучине ледяной.
Там еще стучат сердца с надрывом,
Там не верят в свой последний час,
И реактор заглушив до взрыва,
Умирая, думают о нас.
Не слышны в его отсеках крики,
Глушит боль щемящую волна,
И бессильно смотрит «Петр Великий»:
— Что же ты наделала, страна?

Владимир Силкин

В Баренцевом море летом 2000 года не только атомная лодка «Курск» терпела бедствие.

В Баренцевом море шло на дно Российское государство.

И новый президент страны Владимир Путин это прекрасно понимал. В те августовские дни Россия должна была сделать выбор, определяющий ее дальнейшую судьбу. Россия восприняла катастрофу «Курска» как трагедию национального масштаба. Гибель экипажа болью отозвалась в каждом сердце, и, кажется, давно россияне не проявляли такого единодушия, как в те августовские дни, когда в Баренцевом море шла спасательная операция. Эта боль была одна на всех. Россияне на несколько дней стали одной большой семьей, ведь горе всегда сближает людей.

«Курск» принял героическую смерть, имя каждого члена экипажа осталось в истории отечественного флота навеки. О Геннадии Лячине и Дмитрии Колесникове узнали все россияне. «Курск» — это и гордость, и скорбь, ведь экипаж Героя России Геннадия Лячина ценой своей жизни доказал, что по-прежнему живы традиции российского флота, жив дух офицерского самопожертвования во имя Отечества.

Узнав о гибели одной из лучших российских субмарин, мы все словно бы очнулись от забытья. Мы сделали выбор…

«Не надо отчаиваться…» — сказал всем нам храбрый русский парень Дима Колесников. Все поправимо. У России есть герои, Россия выживет…

В катастрофе «Курска», как в зеркале, отразились все беды и трудности тогдашней России — это и кризис государственного управления, и недоверие общества к власти, и техническая отсталость, и критическое падение престижа военной службы, и унизительное безденежье личного состава армии, сидящей на «голодном пайке». И, может быть, именно эта трагедия заставила страну всерьез начать работу по возрождению вооруженных сил России, по укреплению обороноспособности армии и флота, по развитию военной науки и современному боевому оснащению. Кажется, только тогда все в полной мере осознали такую простую мысль: *без армии и флота России не выжить!*

Главное — чтобы нашей стране никогда больше не приходилось расплачиваться столь дорогой ценой за легкомысленное отношение к своему Военно-морскому флоту.

Великий Сибирский потоп

...И снова август. Месяц катастроф.

В МЧС не верят в сны. Напрасно?..

Зимой 2008 года победитель телевизионного конкурса «Битва экстрасенсов» на канале ТНТ Александр Литвин в интервью «Комсомольской правде» сказал слова, которым мало кто придал серьезное значение: «В 2009 году в Западной Сибири есть серьезная опасность подтоплений. Я вижу много воды. Но если соответствующие службы будут внимательными и примут меры, негативного развития событий можно будет избежать». Экстрасенс ничего не говорил о том, где именно может произойти катастрофа, но когда в августе случилась авария на Саяно-Шушенской ГЭС, стало понятно, о чем предупреждал маг Литвин. «Да, действительно, я видел эту аварию... — рассказывает он. — Я увидел в середине декабря 2008 года страшный сон. Мне привиделась плотина, огромные объемы воды и мощный удар. Я кожей ощущал мощную энергетику воды. И что-то мне подсказывало, что это происходило в Западной Сибири. Я проснулся в сильнейшем беспокойстве, предчувствуя беду. И сразу стал звонить в МЧС и другие службы, которые должны были принять меры. Но меня никто не слушал». Действительно, в таких серьезных ведомствах, как Министерство по делам гражданской обороны, чрезвычайным ситуациям и ликвидации последствий стихийных бедствий, шутит не любят, а к всевозможным пророчествам относятся скептически. В мистику там не верят. Однако в случае с Литвиным мы имеем дело со сбывшимся предсказанием, а значит, если бы к его словам прислушались и начали серьезно размышлять о том, где в Сибири может произойти катастрофа с затоплением, то первым делом следовало бы проверить состояние гидроэлектростанций.

Все мы хорошо помним ленинский тезис: «Коммунизм есть советская власть плюс электрификация всей страны». А те из нас, кому довелось учиться в советской школе, на всю жизнь запомнили трогательные полусказочные истории о том, как руководитель петербургского «Союза борьбы за освобождение рабочего класса» Владимир Ильич Ленин отбывал ссылку в селе Шушенском Минусинского уезда Енисейской губернии, куда его сослал «кровавый царский режим» за революционную агитацию. Сюда к Ильичу приехала и его невеста Надежда Константиновна Крупская. Жизнь Ленина в Шушенском, да еще вместе с невестой, более напоминала не ссылку, а «принудительный отдых», ведь в этих краях революционер занимался охотой, совершал длительные прогулки, читал и размышлял о жизни. В Шушенском Ленин вряд ли думал о будущей электрификации.

Но, по иронии истории, именно этот край уже в XXI веке стал местом действия техногенной катастрофы, которая поставила жирную точку в истории советской энергетики. Случившееся здесь летом 2009 года стало тревожным сигналом, который напоминает: *запас прочности, заложенный нашими дедами и отцами, в России исчерпан до конца.*

А что мы с вами сделали для будущего?

«Чернобыль» на Енисее

«*Зато ...мы делаем ракеты и перекрыли Енисей*», — говорилось в известной песне Юрия Визбора. Действительно, строительством исполинской плотины на Енисее гордились все советские люди. В августе 2009 года катастрофа произошла на объекте энергетики, который вошел в Книгу рекордов Гиннесса как самое надежное гидротехническое сооружение данного типа. Для Хакасии эта плотина, которая является самым крупным гидросооружением на Евразийском континенте, стала предметом особой гордости, сюда возили туристов и почетных гостей. Ее называли иногда «Жемчужиной Саян».

Широко известная «убаюкивающая» концепция, что гидроэлектростанции абсолютно безопасны, была в одночасье разрушена. И невольно вспоминается, что до 1986 года то же самое нам говорили про атомные станции — пока не грянула Чернобыльская катастрофа, атом казался абсолютно «мирным»... «Неделю назад я думал, что гидроэнергетика — самый безопасный способ добычи энергии. Теперь я этого не скажу. Оказалось, мы знаем про гидроэнергетику слишком мало, и причины аварии понять не можем», — сказал Валентин Стафиевский, бывший главный инженер Саяно-Шушенской ГЭС. Поэтому неудивительно, что ЧП на Саяно-Шушенской ГЭС начали сравнивать с аварией в Припяти, где также потерпел катастрофу крупнейшей объект энергетической отрасли. Еще одно поразительное совпадение состоит в том, что и четвертый энергоблок ЧАЭС, и второй гидроагрегат Саянки были разрушены буквально накануне планово-предупредительного ремонта.

По статистике, ежегодно в мире происходит порядка 15 крупных аварий на плотинах. Одна из самых крупных мировых гидрокатастроф произошла в 1933 году на реке Хуанхэ в Китае, где из-за прорыва дамбы погибло 18 тысяч человек. В 1963 году в Италии из-за прорыва плотины Вайонт за считанные минуты погибли две тысячи человек, а в 1972 году паводок разрушил в Индии земляную дамбу, из-за чего погибло около двух тысяч человек.

Происходили подобные катастрофы и в новейшей истории России. В августе 1994 года после затяжных дождей на Тирлянском водохранилище в Башкирии произошел прорыв плотины. Водяной поток обрушился на четыре населенных пункта — Тирлян, Авзалово, Казылярово и Алакагово. Когда на расположенные в низине селения нахлынула десятиметровая волна, большая часть жителей находилась на улице — многие спаслись только благодаря этому. Вода уничтожила около двухсот домов, оказавшихся в зоне затопления. Из прилегающих к районам бедствия населенных пунктов срочно эвакуировали порядка тысячи человек. ЧП на водохранилище парализовало работу промышленных предприятий, закрылись школы, прервал работу аэропорт в Белорецке, из-за повреждения кабеля оборвалась телефонная связь. Примечательно, что жителей Тирлянского поселка предупреждали об угрозе затопления, но никто не отнесся серьезно к грозящей опасности.

Саяно-Шушенский гидроэнергетический комплекс расположен на юго-востоке республики Хакасия в Саянском каньоне у выхода реки в Минусинскую котловину.

Отправной точкой создания Саяно-Шушенской ГЭС можно считать 4 ноября 1961 года, когда первый отряд изыскателей института Ленгидропроект во главе с П. В. Ерашовым прибыл в горняцкий поселок Майна. Геодезисты, геологи и гидрологи не покладая рук трудились и в мороз, и в непогоду. Уже в июле 1962 года экспертная комиссия, возглавляемая академиком А. А. Беляковым, по материалам изысканий смогла выбрать место для строительства ГЭС. В двадцати километрах ниже по течению Енисея было начато строительство спутника Саяно-Шушенской — Майнской ГЭС.

Эта грандиозная молодежная стройка на Енисее началась раньше, чем даже был утвержден план строительства. Комсомольская организация на строительстве возникла в 1963 году, а в 1967 году ЦК ВЛКСМ объявил строительство Саяно-Шушенской ГЭС Всесоюзной ударной комсомольской стройкой. Сюда приезжали комсомольцы со всего Союза. Например, летом 1979 года на Енисее работали студенческие строительные отряды общей численностью 1700 человек.

В плотину был заложен серьезный запас прочности — она могла выдержать восьмибалльное землетрясение и даже ядерный взрыв. Пуск первого гидроагрегата станции состоялся 18 декабря 1978 года. Все десять агрегатов станции были готовы к 1986 году, но в постоянную эксплуатацию станцию все не вводили. В 1990-е годы ГЭС, как и вся энергетическая отрасль России, пережила нелегкие времена — налоговая полиция Хакасии описывала имущество станции, работники объявляли голодовки и забастовки. Само по себе удивительно, что эта строившаяся более двадцати лет ГЭС была введена в постоянную эксплуатацию всего лишь девять лет назад. Только в 2000 году глава РАО «ЕЭС России» Анатолий Чубайс подписал акт о приемке. Принята станция была не безоговорочно — к акту приложили перечень необходимых переделок с конкретными сроками выполнения. Капитальный ремонт гидроагрегаты обязательно должны проходить раз в пять лет. Когда злополучный второй гидроагрегат проходил в 2005 году капитальный ремонт, в нем было обнаружено всего два существенных дефекта — это очень хорошие показатели. Очередной капремонт был запланирован на осень 2009 года, так как в ноябре истекал тридцатилетний срок эксплуатации, отпущенный турбине Ленинградским металлическим заводом. После ремонта 2005 года гидроагрегат стал работать значительно хуже — усилилась вибрация, которая по состоянию на июль 2009 года почти в четыре раза превысила допустимую норму. В начале этого года на чрезмерно вибрирующий гидроагрегат даже поставили датчики виброконтроля, но официально они так и не были введены в эксплуатацию, то есть на их показания просто закрывали глаза... После реорганизации РАО «ЕЭС России» Саяно-Шушенская ГЭС отошла крупнейшей российской генерирующей компании «РусГидро», которая по сей день является собственником Саянки.

Объект современный, но опасный

За годы существования Саяно-Шушенской ГЭС аварии на ней происходили трижды. 23 мая 1979 года плотина приняла первый удар стихии — во время паводка вода проникла в здание ГЭС, смыла грузоподъемный кран и другое оборудование. Последствия потопа ликвидировали вплоть до осени. В 1985 году с ГЭС случилась новая беда — во время половодья были полностью разрушены плиты крепления двухметровой толщины. В 1988 году паводок вновь нанес значительные повреждения станции. Но самая тяжелая аварии ожидала станцию летом 2009 года.

Евгений Зубарев, работавший на строительстве Саяно-Шушенской ГЭС в составе ленинградского студенческого стройотряда дважды (в 1983 и 1984 годах), сегодня считает, что станция изначально была опасным объектом: «Работа в качестве бетонщика на Саяно-Шушенской ГЭС позволяла простому ленинградскому студенту заработать за лето 800–1400 рублей, что составляло две-три годовых стипендии. Однако эта работа была опасна в связи с регулярными нарушениями техники безопасности. Так, едва прибыв на станцию в июне 1983 года в качестве квартирьеров (то есть людей, подготавливающих фронт работ и место жительства отряда), совершенно необученные молодые люди получили от бригадира задание сбивать ломами опалубку с тела плотины на высоте 270 метров! При этом в качестве средств защиты были выданы страховочные обвязки, карабины которых не к чему было прикреплять. В месте работ из тела плотины просто торчали куски арматуры длиной 30–50 см, за которые можно было держаться руками и ногами, но где нельзя было фиксировать карабины — штыри, все как один, были загнуты вниз. Через неделю прибыла основная группа нашего студенческого отряда, и мы приступили к бетонированию 10-го водовода. Всего таких водоводов на СШ ГЭС было 10, каждый вел к своей турбине. Нас постоянно подгоняли бригадиры стройки, которые сами признавали, что ради скорейшей сдачи объектов в срок техника безопасности и технологии укладки бетона будут нарушаться. Бетон на каждый объект станции подавался по специальным бетоноводам — широким трубам, проложенным вдоль тела плотины. Примерно раз в неделю из-за плохого ухода бетоноводы взрывались. Однажды такой бетоновод взорвался в тот момент, когда я, мой товарищ Евгений Жмаев и два штатных рабочих стройки лезли со своего объекта на отметке 110 метров в столовую, расположенную на отметке 160 метров. Нам хотелось есть, но единственный строительный лифт нашей площадки был постоянно занят, поэтому мы пользовались технической лестницей, проложенной прямо по телу плотины. Эта лестница имела лакуны по 2–3 метра, на этих участках для передвижения мы использовали штыри арматуры. Уже через неделю страх высоты был забыт, и мы прыгали по плотине с уверенностью тропических обезьян. Однажды во время такого перехода над нами взорвался бетоновод. В таких случаях на плотине было принято кричать: „Воздух!“. Кричал обычно виновный в происшествии, в данном случае водитель бетономешалки, с которой качался бетон. Услышав сигнал опасности, работяги заставили нас, студентов, прижаться к плотине всем телом и ждать. Огромная масса бетона пролетела от нас в полуметре — в силу неровности тела плотины бетон не катился по ней комком, а прыгал и даже летал. Как потом нам рассказали, этот случай не был выдающимся, и через такие приключения проходили многие рабочие на станции. Другим опасным нарушением ТБ была одновременная работа бетонщиков, то есть нас, и сварщиков, работающих на сто метров выше. Иногда сварщики роняли электроды, и тогда мы опять слышали сверху зычный крик: „Воздух!“. Но сами мы при этом находились в сетке из арматуры и выбегать в безопасную зону с двадцатикилограммовым вибратором в руках нам быстро надоело. Поэтому обычно мы просто ждали, когда электрод пролетит мимо нас, к ребятам на нулевую отметку. К слову, защитную каску такой электрод прошивал без затруднений. Впрочем, ни одна из этих опасностей не коснулась студентов. За время моей работы на СШ ГЭС погибла только одна рабочая, местная девушка, но убил ее не электрод и даже не взорвавшийся бетоновод, а досадная случайность — находясь в рабочей зоне, девушка очень резко обернулась на случайное восклицание и глубоко проткнула себе глаз торчащей из стены арматурой. Примечательно, что каждый день мы воочию наблюдали огромный кусок бетона (примерно 20 на 30 метров) прямо в теле плотины, который ритмично колыхался и выплескивал из прямоугольных краев воду. К сожалению, тогда не было цифровых камер, чтобы запечатлеть это безобразие. Мы, конечно, задавали вопросы старшим товарищам, а нам отвечали, что это „нормальная утечка“ и что „не надо волноваться“. Собственно, мы и не очень волновались, но на следующий год, в 1985 году, в этом месте действительно произошло разрушение водобойного колодца. Были полностью разрушены плиты крепления (толщиной более двух метров), бетонная подготовка под ними и скалы ниже подошвы на глубину до 7 метров. Анкера диаметром 50 мм были разорваны с характерными следами наступления предела текучести металла. Больше на Саяно-Шушенскую ГЭС я не ездил, но на основании собственного опыта могу предположить, что нарушения ТБ продолжались там и дальше. Так что никакого удивления факт техногенной катастрофы именно там лично у меня не вызвал»[1].

Час «Х» для Саянки

Катастрофический сценарий был запущен вечером 16 августа, причем даже не на Саяно-Шушенской, а на Братской гидроэлектростанции, расположенной в Иркутской области. В 20 часов 20 минут на Братской станции сработала пожарная сигнализация, мгновенно вышли из строя основные и резервные каналы связи, так что ГЭС оказалась отрезанной от внешнего мира. Наверное, о ЧП на Братской ГЭС много говорили бы и писали, но эту аварию уже через несколько часов затмила техногенная катастрофа на Енисее… Сибирское объединенное диспетчерское управление «потеряло» Братскую ГЭС в энергосистеме региона. В течение сорока минут отсутствовала всякая связь с этим крупнейшим объектом энергетического комплекса. За это время персоналу станции удалось потушить пожар, но аварийный режим сохранялся еще в течение одиннадцати часов, пока не восстановили связь. Диспетчеры в Кемерове вынуждены были переводить дополнительную нагрузку на Саяно-Шушенскую ГЭС, которая начала дублировать аварийную Братскую.

В итоге Саяно-Шушенская станция, которая обеспечивала лишь двадцать процентов регулирования энергопотребления, внезапно получила всю стопроцентную нагрузку. А для того

[1] URL: http://www.rosbalt.ru/2009/08/21/665363.html (дата обращения 07.12.2009).

чтобы с ней справиться, на Саяно-Шушенской ГЭС, где только что был закончен плановый ремонт гидроагрегатов, была запущена резервная турбина номер два, а позднее ввели в работу еще один резервный гидроагрегат — номер десять.

К утру следующего дня из десяти турбин станции были на полную мощность запущены девять агрегатов, за исключением шестой турбины, где шел ремонт.

Этих бешеных нагрузок не выдержал второй гидроагрегат. Из-за сильнейшей вибрации (амплитуда колебаний турбинного подшипника в четыре раза превысила норму!) начали разрушаться крепежные шпильки крышки турбины (это такие стержни длиной около 25 сантиметров). Позднее специалисты Ростехнадзора выяснили, что на некоторых шпильках вообще не было гаек… Крышку сорвало, и в машинный зал хлынул поток воды такой чудовищной силы, что под его напором сдвинулись многотонные конструкции из бетона и стали.

В 8 часов 5 минут на станции сработали датчики, извещающие о неполадках. Инженер Мисюкевич сбросила мощность, но второй гидроагрегат продолжал работать.

Авария произошла в 8 часов 13 минут. Гигантская турбина весом в три тысячи тонн, словно невесомая пушинка, взмыла вверх на столбе воды, пробила кровлю машинного зала. В первые минуты сотрудники станции не могли понять, что происходит — началась жуткая паника. В момент аварии на ГЭС находилось более трехсот человек, большинство которых спаслось бегством...

Из поврежденного агрегата вытекло трансформаторное масло, которое попало в Енисей, и масляная пленка растянулась вниз по течению на несколько километров.

Хотя и не было реальной угрозы затопления ближайшего к плотине города Саяногорска, его жителей охватила паника, многие горожане в спешке собрали вещи и уехали подальше от места аварии. В городе исчезла мобильная и интернет-связь… Люди бежали в магазины и закупали продукты — хлеб, соль, макароны, — словно готовились к осадному положению. Неспокойно было и в столице Хакасии Абакане, расположенной в 90 километрах от Саяно-Шушенской ГЭС. Многие предприятия остановились, на автозаправках образовались огромные очереди. Люди начали выезжать из города на возвышенные места, и вокруг Абакана были разбиты палаточные городки.

Саяно-Шушенская ГЭС — основной поставщик энергии в регионе, поэтому остановка станции привела к серьезным перебоям. Подача электричества была ограничена на такие промышленные гиганты, как Новокузнецкий металлургический комбинат, Западно-Сибирский металлургический комбинат, на шахты «Кузбассразрезугля», а также на Саянский, Красноярский, Новокузнецкий и Хакасский алюминиевые заводы. Начался энергетический коллапс.

А был ли «брат Ибрагим»?

Уже в первые часы после аварии член правления ОАО «РусГидро» Борис Богуш в интервью заявил, что не исключает вероятности совершения на Саяно-Шушенской ГЭС террористического акта. Хотя специалисты-взрывотехники ФСБ не обнаружили следов взрывчатых веществ на месте аварии, версия теракта получила распространение. Наводило на размышление также и то, что катастрофа на Саяно-Шушенской ГЭС практически совпала по времени с террористическим актом в Назрани. Здесь около 9 часов утра 17 августа смертники на автомобиле «ГАЗель» ворвались во двор здания РУВД, где происходило построение личного состава, и привели в действие взрывное устройство.

Через несколько дней после аварии некий Джамаат русских мусульман «Муваххидун ар-Руси» объявил, что берет на себя ответственность за «диверсию на Саяно-Шушенской ГЭС». В заявлении исламистов, распространенном в Интернете, говорилось, что диверсия направлена «против российского оккупационного режима»: «Операция готовилась несколько месяцев. Наш брат Ибрагим (русский мусульманин) был внедрен в рабочий персонал ГЭС. В течение нескольких месяцев он досконально изучил все слабые точки объекта и определил точное место удара. При проведении диверсионной операции нами не была использована взрывчатка. Необходимое оборудование для проведения диверсии было занесено на территорию ГЭС под видом строительно-ремонтных принадлежностей», — говорилось в заявлении.

С версией теракта категорически не согласен глава Ростехнадзора Николай Кутьин, который отметил, что действительно в первую очередь рассматривалась возможность аварии в результате теракта, потому что «никто не мог предположить в первый момент, как сам мог взлететь агрегат такой массы в воздух на 14 метров. Мы глубоко изучили все, что касается этой версии. Никаких следов и никаких возможностей совершения теракта там не было выявлено», — подчеркивает Николай Кутьин.

По Нурекскому сценарию — дважды в одну реку

В 1983 году авария точно по такому же сценарию, как на Саяно-Шушенской станции, произошла на Нурекской ГЭС, расположенной на реке Вахш в Таджикистане. Эта станция, которая возводилась методом Всесоюзной ударной комсомольской стройки, была введена в эксплуатацию в 1972 году. Высота плотины Нурекского водохранилища составляет 300 метров (это на 60 метров выше Саяно-Шушенской), и она по сей день остается самой высокой насыпной плотиной в мире. На Нурекской ГЭС точно так же, как и впоследствии в Хакасии, сорвало шпильки креплений с крышек гидроагрегатов, турбина взлетела на воздух, и в результате полного затопления и разрушения машинного зала погибло 75 человек. Но об этой катастрофе в Советском Союзе никто так и не узнал, как, впрочем, и о большинстве техногенных катастроф. Министерство энергетики СССР засекретило информацию об аварии в Таджикистане. Именно из-за обстановки строжайшей секретности, которая окружала эту аварию, специалисты не смогли проанализировать причины катастрофы и принять меры к предотвращению подобных ЧП на других гидроэлектростанциях. Крупный специалист в области гидроэнергетики, главный инженер Спецгидроэнергомонтаж Владимир Колосов (Узбекистан) размышляет в интервью ИА «Регнум»: «Возможно, сравнивать недавнюю трагедию на Саяно-Шушенской ГЭС с ЧП, произошедшим 26 лет назад на Нурекской ГЭС в Таджикистане, не совсем корректно по масштабам и последствиям. Но ведь причины этих аварий во многом схожи! Что же произошло тогда на станции, которая отмеряет сегодня третий десяток лет эксплуатации? По данным специалистов, на крышке турбины агрегата 1 Нурекской ГЭС из 72 болтов 31 гайка и 19 шпилек были повреждены. Это повлияло на ослабление герметичности, что повлекло за собой протечку и аварийное поступление воды в шахту турбины. Благодаря автоматике и оперативности персонала, работавшего в тот период, удалось закрыть шаровой предтурбинный затвор и остановить подачу воды на аварийный агрегат [...] из-за режима секретности материалы ЧП на Нурекской ГЭС не попали ко многим специалистам, и они не смогли правильно оценить ситуацию. Более того, нет уверенности, что специально разработанные мероприятия по устранению последствий этого происшествия и обеспечению дальнейшей безопасной работы были доведены до эксплуатационного персонала других станций и приняты на вооружение специализированными ремонтными и монтажными подразделениями. Нет уверенности и в том, что результаты аварии были правильно оценены и осмыслены, что должно было найти отражение в оперативном внесении соответствующих поправок и изменений в нормативные и ведомственные документы, а также учтены в инструкциях по эксплуатации. Хотя глава Ростехнадзора не утверждает, что снятие грифа секретности с материалов об аварии на Нурекской ГЭС могло бы предотвратить катастрофу 2009 года на Енисее, мы думаем, что завеса тайны и стала одной из основных ее причин. Более того, за 18 лет независимости России можно было позаботиться о рассекречивании материалов аварии, передать их специалистам, которые смогли бы правильно оценить ситуацию и принять соответствующие меры». Словом, не нужно слишком увлекаться сравнением катастрофы в Хакасии с аварией на Нурекской ГЭС, тем самым пытаясь найти виновников трагедии в советском прошлом... Ведь ошибки можно было исправить.

Потоп после нас

Опубликованный Ростехнадзором акт технического расследования причин аварии — это рассказ о том, как станция пришла к тотальному износу своих мощностей. Основной лейтмотив акта — это «человеческий фактор»... Здесь, в частности, было указано, что бывший глава РАО «ЕЭС России» Анатолий Чубайс «утвердил акт Центральной комиссии по приемке в эксплуатацию Саяно-Шушенского гидроэнергетического комплекса без должной оценки действительного состояния безопасности СШГЭС». От того, что Ростехнадзор назвал виновников катастрофы, прежде всего, — Анатолия Чубайса, легче никому не стало. Более того, возникла новая проблема — а что, собственно, с ними, с этими виновниками, делать?.. Требовать их уголовного наказания или общественного «суда чести»?.. Анатолий Чубайс воспринял отчет Ростехнадзора как банальный «наезд» — политическую «заказуху» и травлю. «Эта атака провалится», — убежденно заявил он, используя акт Ростехнадзора как информационный повод лишний раз заявить о себе. «Считаю, что, будучи председателем правления РАО «ЕЭС России» в 2000 году, я был обязан подписать акт приема Саяно-Шушенской станции в эксплуатацию. Станция к тому моменту уже отработала более двадцати лет, — подчеркнул Чубайс. — А работающая станция, не введенная в эксплуатацию, — это худший из вариантов, который может быть... Остановить Саяно-Шушенскую ГЭС в то время, в условиях роста потребления электроэнергии, и годами дожидаться прихода инвестиций для замены рабочих колес гидроагрегатов — было бы катастрофой для экономики Сибири и миллионов живущих там граждан».

Как бы кто ни относился к Чубайсу, сделать из него главного виновника катастрофы на Саяно-Шушенской ГЭС было бы по меньшей мере странно. В конце концов, не Чубайс ведь принимал решение усилить нагрузку на агрегат, который находился в аварийном состоянии. Однако задумаемся: виноват ли Чубайс?.. Безусловно, виноват. Но отнюдь не в том, что подписал акт приемки Саяно-Шушенской ГЭС. Он виноват как творец той системы управления, при которой энергетическая отрасль, доставшаяся новой России в наследство от СССР, вот уже который год нещадно эксплуатируется на износ. Виктор Кудрявый, заместитель министра энергетики России в 1996–2003 годах и один из самых жестких критиков реформы энергетики «по Чубайсу», говорит: «Эта авария была не случайной. Если раньше приоритетом российской энергетики была безопасность, то в „эру“ Чубайса во главу угла поставили извлечение прибыли. И добро бы, если бы эта прибыль хоть как-то расходовалась на ремонт. Мой коллега профессор Василий Платонов подсчитал, что в период 1998–2005 годов на ремонт и обновление ресурсов в энергетике могло бы пойти 39,5 млрд (!) долларов. Эти деньги были получены от потребителей. В том числе и благодаря повышению в несколько раз тарифов в указанный период. Однако, согласно исследованию Платонова, они пошли вовсе не на ремонт, а на создание более тысячи (!) коммерческих структур в энергетике. В каждой из этих структур были предусмотрены десятки менеджеров с гигантскими зарплатами. Деньги просто разбазарили. Если бы эти миллиарды все-таки ушли по назначению, наша страна на ближайшие 10–15 лет решила бы проблему обновления устаревшего оборудования во всех отраслях электроэнергетики. Но если ремонт и велся, то это все равно была своего рода утечка средств. Работы в этой сфере стали предельно криминальными, откаты в 30–40% стали обычным явлением»[1].

---

[1] http://www.fontanka.ru/2009/12/02/146/

Комиссия Государственной думы России по расследованию причин аварии пришла к выводу, что последний ремонт на злополучном втором гидроагрегате Саяно-Шушенской ГЭС производился не в том объеме, на который была предоставлена документация, хотя выделенные финансы были истрачены полностью. *Проще говоря, отпущенные на ремонт деньги ушли «налево», осели в чьих-то карманах...*

Впрочем, об этом еще Николай Михайлович Карамзин в свое время хорошо высказался: «Воруют...»

Кроме того, оказалось, что злополучную вторую турбину ремонтировала фирма «Гидроэнергоремонт», учредителями которой были все бывшие и действующие руководители Саяно-Шушенской ГЭС, а также их родственники. Не ГЭС, а прямо-таки семейный подряд получается!.. Когда тендеры на ремонт выигрывают «свои» фирмы, то, конечно, главным становится не качество работы, а возможность «перекачивать» финансы.

Прибыль как можно скорее — вот главная стратегия монополистов энергетического рынка. И незачем тратиться на новое оборудование, на обеспечение безопасности, о которой российские топ-менеджеры думают в последнюю очередь. Из энергетики выжимают все деньги до последней копейки, как воду — из мокрого белья. А завтра?.. После нас — хоть потоп. И потоп на Енисее действительно случился «после Чубайса». «Главная причина аварии — в том, что станцию просто загоняли, из нее выкачивали деньги, вот и все», — считает журналист Михаил Афанасьев. И здесь с ним, пожалуй, трудно не согласиться.

Версия Афанасьева

В то время, когда все средства массовой информации давали в эфир сюжеты о ходе спасательной операции на Саяно-Шушенской ГЭС, только один журналист рискнул высказать альтернативную точку зрения, даже более того — он обвинил спасателей в том, что они преднамеренно не приходят на помощь людям, которые находятся в «воздушных мешках» на затопленных участках гидроэлектростанции. «18 августа родственники пострадавших и числящихся пропавшими без вести обратились к депутату Городского совета в Саяногорске, где произошла эта авария, — говорит главный редактор интернет-журнала „Новый фокус" Михаил Афанасьев. — Они сказали, что хотя и не знают, кто там остался жив, но доносятся стуки, чтобы их спасли. Они предложили решение: закрыть Саяно-Шушенскую ГЭС и открыть Майнскую ГЭС, чтобы вода ушла из машинного зала. Но так как власть не обратила внимания, они обратились к прессе через своего депутата. Этот депутат — Григорий Назаренко — обратился ко мне с предложением написать об этом, я согласился, но сказал, что мы должны быть готовы к тому, что нас посадят».

О том, что на ГЭС остались в живых люди, которые сообщают о своем нахождении с помощью стуков (почти как моряки затонувшей подводной лодки «Курск»), родственники якобы узнали от водолазов, которые живут в том же поселке Черемушки, что и большинство погибших. 20 августа 2009 года отдел дознания УВД по Абакану возбудил против Михаила Афанасьева уголовное дело по статье 129 Уголовного Кодекса Российской Федерации («Клевета, соединенная с обвинением лица в совершении тяжкого преступления»). Накануне вечером у журналиста были изъяты «орудия преступления»: ключи от квартиры, мобильный телефон и системный блок. Журналиста обвинили в том, что 18 августа он, «обладая достоверной и официальной информацией о том, что на Саяно-Шушенской ГЭС идут непрерывные работы по ликвидации последствий аварии и принимаются все необходимые меры по поиску без вести пропавших людей, распространил в интернет-журнале „Новый фокус" заведомо ложные сведения, порочащие честь, достоинство и подрывающие деловую репутацию руководства республики и ГЭС».

Впоследствии начальник Сибирского регионального поисково-спасательного отряда Александр Кресан подтвердил, что спасателям действительно удалось найти под водой двух сотрудников станции, которые находились в так называемых «воздушных мешках».

Вообще реакция официальных лиц на публикации Афанасьева оказалась чересчур нервозной. Стали бить из пушки по воробьям. Глава МЧС России Сергей Шойгу заявил, что Михаил Афанасьев должен извиниться перед спасателями, которые вели работы на ГЭС в первые дни после аварии. По данным министра, сообщение журналиста о выживших появилось уже после того, как сотрудник службы Александр Барковский, услышавший из-под завалов стук, спас одного человека. Сразу после этого спасатели обследовали всю территорию машинного зала станции и нашли еще одного выжившего — об этих людях, очевидно, и говорил Александр Кресан. А информация о том, что выжившие люди стучат, а их не спасают, начала распространяться, по словам Сергея Шойгу, спустя два дня после этого. В интервью на «Эхо Москвы» Шойгу сказал про Афанасьева: «Он мне абсолютно безразличен. Я не кровожадный человек, и Бог ему судья... Но он должен набраться мужества и сказать: „Извините, ребята, я солгал, я оклеветал вас..."»

Уголовное дело против Афанасьева очень быстро закрыли за отсутствием состава преступления. Кажется, все успокоились.

Дореформировались...

Об аварийном состоянии плотины ГЭС было известно давно. Специалисты предупреждали, какими катастрофическими последствиями чреваты прорывы плотины, хотя собственники ГЭС — и РАО «ЕЭС России», и «РусГидро» бодро заявляли, что ситуация под контролем... О том, что станция находится в запущенном состоянии и ее оборудование катастрофически изношено, в частности, говорил председатель Счетной палаты России Сергей Степашин. К нему тоже не стали прислушиваться. Дескать, состояние ГЭС — это частное дело собственника станции, компании «РусГидро», и государству сюда вмешиваться не следует.

Как это ни прискорбно, авария на Саяно-Шушенской ГЭС стала итогом реформирования российской энергетики. Преобразованные в процессе чубайсовской реформы в акционерные общества энергокомпании сконцентрировались исключительно на получении прибыли, забыв о безопасности и модернизации. «Нам нужно обязательно сделать из этой катастрофы очень серьезные выводы, касающиеся нашей текущей жизни и наших планов на будущее», — подчеркнул президент России Дмитрий Медведев и добавил: «Я сейчас говорю не о причинах аварии. Но всем понятно: мы во многом последние годы жили за счет того наследства, которое получили из Советского Союза. На этом наследстве мы производили электроэнергию, создавали новые предприятия. И в конечном счете эта тема для нас сейчас является самой главной, самой важной, самой ключевой. Я имею в виду то, к чему мы придем в будущем, каким образом мы видим свою страну, какие решения по модернизации страны мы должны принять, чтобы выстроить планы по технологическому переоснащению нашего государства».

Однако слова президента, похоже, тоже не восприняты всерьез, никто не говорит о смене энергетической стратегии, развивающейся по-прежнему «по Чубайсу».

Никаких системных преобразований, по-видимому, в отрасли не готовится. Сегодня стало очевидно, что возможности государства контролировать безопасность на таких стратегически важных объектах, как электростанции, свелись к минимуму. А все попытки такого контроля будут истолкованы бизнесом как «наезд», рейдерский захват, нарушение прав собственников, вообще как «нерыночные» методы работы...

Может быть, сегодня пора задуматься о том, что контроль за энергетической отраслью должен находиться в руках государства, а не частных компаний?..

Знаем ли мы вообще, в чьих руках наша безопасность?..

Авария, которая притворилась терактом

Известный фильм Эльдара Рязанова «Небеса обетованные» заканчивается фантастической сценой: улетающим в небо поездом. Он уходит под облака, увозя куда-то в лучшую жизнь, на «обетованные небеса» исстрадавшихся и усталых людей… Почти для тридцати человек, купивших билеты на поезд «Невский экспресс», который связывает две российские столицы, путь из Москвы в Санкт-Петербург стал последним.

Говорят, что снаряд не падает дважды в одну и ту же воронку. Две очень похожие друг на друга аварии поезда № 166 «Невский экспресс» опровергли эту расхожую истину… Удивительное дело: случается что-то неожиданное, и оказывается, что на самом деле ничего неожиданного не случилось. Парадокс, причем чисто российский парадокс. Опасность была перед глазами, но ее в упор не видели.

«Невский экспресс» считался самым любимым поездом московской и петербургской элиты. Многие чиновники и бизнесмены, работающие в Москве, на этом поезде приезжали на выходные в Санкт-Петербург.

За два года до страшной аварии — 13 августа 2007 года «Невский экспресс» потерпел первое крушение на перегоне Бурга — Малая Вишера. Локомотив и двенадцать вагонов сошли с рельсов, по официальной версии, в результате взрыва. Тогда погибших не было, но за медицинской помощью обратилось около шестидесяти человек. Пассажиры поезда впоследствии рассказывали, что сначала состав начало сильно трясти, а затем раздался громкий хлопок. Локомотив и три первых вагона еще продолжали движение, а средние вагоны уже начали опрокидываться набок. По официальной версии, причиной аварии стал подрыв железнодорожного полотна самодельным взрывным устройством мощностью 8–9 килограммов в тротиловом эквиваленте. Машинист поезда Алексей Федотов рассказывал: «...под моей кабиной происходит взрыв, у меня стекла летят, все в пыли, гарь. Я сразу понял, что взорвали. Я сразу применяю экстренное торможение, обесточиваю тягу, опускаю токоприемники — чтобы провод не намотать. Все. И мы летим семьсот метров, скорость у меня была 185 километров в час. Остановились. Я сразу информацию в эфир диспетчеру дежурной по станции в Бургу, что состоялось крушение, сошли с рельсов... Помощника отправляю вперед на соседний путь, в первый головной путь, по нему должны были идти встречные поезда. Я же не знаю, когда они пойдут.... За мной, вижу, только четыре вагона удержались на рельсах, со мной вместе, с локомотивом, оторвались, а через 200 метров остальные вагоны валяются. Ресторан улетел в откос в правую сторону, штабной вагон перевернулся. В общем, вагоны все лежат на боку, какой стоит».

Первое ЧП с «Невским экспрессом» никого ничему не научило... За два года не было предпринято никаких мер к тому, чтобы катастрофа (не важно, теракт или авария) не повторилась бы.

27 ноября 2009 года поезд отправился с Ленинградского вокзала Москвы в 19 часов и по расписанию в Петербург он должен был прибыть в 23 часа 30 минут... Но в 21 час 34 минуты на перегоне Алешинка — Угловка состав сошел с рельсов.

Версия террористического акта возникла очень быстро и сразу же завоевала статус «версии номер один», которую никто из официальных лиц ни разу не подверг сомнению. Для «Российских железных дорог» версия теракта оказалась самой выгодной и удобной, ибо она снимает с компании проблему ответственности за неудовлетворительное техническое состояние путей и подвижного состава. Как говорится, «война все спишет». Предположение, что имела место техногенная катастрофа, президент «Российских железных дорог»

Владимир Якунин назвал «*глупостью*», но обсуждение этой версии, прежде всего пользователями Интернета в блогах, несколько дней после трагедии шло по нарастающей. Стало понятно, что официальная версия — взрыв поезда террористами — удовлетворила не многих. Мало кого убедило и то, что лидер чеченских боевиков Доку Умаров взял на себя ответственность за теракт. Какая бы катастрофа ни произошла, найдутся экстремисты, которые за ее счет набирают популярность. Петербургская интернет-газета «Фонтанка» познакомила читателей с мнением анонимного сотрудника «Российских железных дорог», который сказал, что «многие железнодорожники, обсуждающие случившееся, тоже склоняются к версии технической неисправности». По их мнению, вероятно, произошел отрыв башмака электромагнитного тормоза, который располагается на каждой тележке с двух сторон между колесными парами.

> «Возможно, что просто не выдержал нагрузки рельс, особенно после прохода незадолго перед этим скоростного поезда „Сапсан". Ведь практически никто не обратил внимания на тот факт, что окончательная скорость "Сапсана" — он шел до поезда №166 — значительно расходится с той, которая была заявлена при его закладке, — поделился своими размышлениями компетентный источник. — Ограничению она подверглась именно из-за ненадлежащего для столь высоких скоростей состояния полотна и контактной сети. Характер повреждения торцов двух вагонов также вызывает некоторое недоумение, ведь фактически получается, что один вагон „наскочил" на другой»[1].

Прежде всего, совершенно непонятна логика террористического акта (если это был действительно он). Против кого он был направлен?.. Рассчитать, что жертвами крушения «Невского экспресса» станут именно главы «Росавтодора» Сергей Тарасов и «Росрезерва» Борис Евстратиков, было невозможно. У погибших чиновников имелись очень большие шансы выжить, их гибель — роковое стечение обстоятельств,

[1] http://www.fontanka.ru/2009/12/02/146/

а не результат покушения. Последний вагон, в котором ехали высокопоставленные чиновники, располагался дальше всех остальных от эпицентра взрыва, и теоретически его пассажиры вообще не должны были пострадать. Но машинист, как требует инструкция, применил экстренное торможение, из-за чего хвостовая часть состава начала «складываться». Первые десять вагонов устояли на рельсах, и их пассажиры не пострадали. Хвостовые вагоны с номерами 2, 3 и 4 опрокинулись, а самый «несчастливый» последний вагон буквально взмыл в воздух, снес бетонные электроопоры и ударился об откос тамбуром. Такой сценарий совершенно не мог быть запланированным.

Прозвучал ряд предположений, что, например, теракт должен был продемонстрировать «силовикам» в Правительстве России опасность ограничения влияния «либералов», что взрыв «Невского экспресса» должен стать сигналом к передачи власти подобно тому, как взрывы домов 1999 года стали сигналом к уходу Бориса Ельцина... Говорили, что это — начало новой волны терроризма, всплеска ксенофобии и нетерпимости. Но все это — дутая конспирология, бесплодные игры ума. А тем временем английский *The Independent* откликнулся на российскую катастрофу статьей с красноречивым заголовком «В Россию возвращается терроризм», где, в частности, говорилось: «Взрыв немедленно обострит у россиян чувства национальной гордости, национальной солидарности и национальной паранойи. В результате Россия может стать еще более несговорчивым партнером». А некоторые западные СМИ уже разглядели в катастрофе следы экстремистской деятельности неких «русских фашистов». «Понятно, что в любом обществе всегда присутствуют люди со свернутыми мозгами, — говорит на сей счет политолог, экс-депутат Государственной думы России Андрей Савельев. — Одни могут изготовить взрывные устройства, а другие — привести их в действие. А третьи описывают случившееся, как Бог на душу положит, приписывая их кому угодно, но только не истинным организаторам. В этом смысле неадекватность террористов вполне сравнима с неадекватностью тех изданий, которые начинают публиковать свои измышления, не дожидаясь результатов следствия. Для меня самый показательный момент в этом теракте связан с тем, что он произошел вторично. Можно сказать, что мы наступили на те же самые грабли. Это говорит о том, что спецслужбы за прошедшее время не смогли найти источник угрозы, что закончилось крайне трагически. Складывается впечатление, что организаторов первого теракта особо и не искали».

С точки зрения пассажиров (то есть всех нас!), не так уж важно, имел ли место террористический акт. Это действительно вопрос второго плана. Ведь погибших в «Невском экспрессе» людей убило не взрывом, а оторвавшимися от пола алюминиевыми креслами, которые разлетелись по вагону. Именно эти кресла превратили вагон в подобие мясорубки. В пострадавших вагонах все было сметено, словно чудовищным вихрем. Значит, эти «элитарные» поезда были потенциально опасны — как в случае вероятной аварии, так и при взрыве. 4 декабря 2009 года Федеральная служба по надзору в сфере транспорта (Ространснадзор) предписала «Российским железным дорогам» приостановить эксплуатацию в скоростном движении вагонов модели «61-4192», использовавшихся в составе «Невского экспресса», хотя, по заверениям производителей, вагоны соответствовали всем существующим сегодня нормативам...

Для пассажиров, жизнь которых оказывается под угрозой, совершенно не важно — готовится ли террористическая атака на поезд, или на железнодорожный переезд выезжает пьяный тракторист?.. Результат, скорее всего, будет один и тот же — авария, гибель людей... Никто из нас не думает о том, как наша возможная гибель будет классифицирована. Мы хотим жить и не хотим умирать — вот и все!

Как и во многих катастрофах, в аварии «Невского экспресса» была своя мистика. Петербурженка Наталья Новикова пережила обе аварии — она находилась в злосчастном поезде и в 2007 году, и в 2009-м. Ехавшая в ноябре 2009 года во втором вагоне «Невского экспресса» Наталья выжила, но получила серьезные травмы — у нее перелом тазобедренных костей и множественные ушибы. После первой катастрофы она долго боялась ездить на поездах, словно бы предчувствуя новую трагедию.

После катастрофы оказалось, что главная железнодорожная магистраль страны либо вовсе не охраняется, либо охраняется из рук вон плохо. Практически в любом участке пути, очевидно, может быть установлено взрывное устройство. Казалось бы, в наше время уже не представляет большой проблемы «перекрыть» камерами наружного наблюдения все автомобильные и железнодорожные трассы страны, ну или хотя бы такие важные, как Москва—Петербург... В Европе такие камеры — на каждом шагу. Однако у нас этого сделано не было. В последний раз обход полотна проводился 27 ноября в 13 часов, а с этого времени с этим участком пути можно было успеть сделать все, что угодно. Оказывается, заборы, которые стоят вдоль железнодорожных путей, — защита от выхода на пути животных, а не для того, чтобы не допустить попадания туда людей.

Совершенно вопиющее безобразие — это отсутствие подъездных путей к месту катастрофы. Ведь произошла она не в каком-то «медвежьем углу», а на полпути между двумя российскими столицами. Проблема дорог для необъятной России — одна из самых давних и самых неразрешимых. Если помощь не могла подоспеть вовремя к месту аварии на главной железнодорожной магистрали страны, то что уж говорить о катастрофах в глубокой провинции?.. Очевидно, там обстановка еще безнадежнее. Почему немедленно не использовали вертолеты при эвакуации раненых?.. Вопросов очень много, и все они — без ответа. Российские олигархи без проблем летают на своих частных вертолетах на загородные виллы, на охоту и на рыбалку, а вот для спасения раненых «Невского экспресса» таких вертолетов не нашлось... «Скорые» по бездорожью и слякоти смогли добраться через полтора-два часа. Первую помощь раненым оказывали сами пассажиры и проводники. Когда машины «скорой» все-таки прибыли, то подъехать к месту аварии не смогли — врачам пришлось метров пятьсот добираться пешком, а потом столько же нести раненых. В «элитарном» поезде даже не имелось аптечек с необходимым набором лекарств и спасательных средств.

Каждый из нас знает, что представляет собой любой вокзал в России… Как правило, он напоминает какой-то ночлежный дом или цыганский табор, где всегда полно бомжей, жуликов-карманников и прочих маргинальных личностей. Все пассажиры знают, что на вокзале нужно держать ухо востро, чтобы не стать жертвой ограбления, «разводки» или избиения. И никто пока еще не рассказал россиянам, почему на вокзалах нельзя навести такой же порядок, как в аэропортах, куда ни один бомж не проникнет. Кому выгоден вокзальный бардак, почему там нельзя поставить «рамки» металлоискателей — вопросы без ответа. Если на борт самолета пронести взрывное устройство практически невозможно, то в вагон поезда реально загрузить килограммы взрывчатки. Несмотря на все милицейские рейды, любой вокзал — настоящий рай для террористов. Милиция проверяет лишь «подозрительных», а у прилично одетых и непьяных редко спросят документы.

Глава Петербургского управления МЧС Леонид Беляев сообщил, что трагедия «Невского экспресса» могла быть гораздо масштабнее. Если бы поезд не шел с опозданием на одну минуту, то на перегоне Алешинка — Угловка в Тверской области могли оказаться сразу два состава.

Сегодня «Российские железные дороги» готовятся к вводу скоростных поездов нового поколения, но готова ли железнодорожная инфраструктура к суперскоростям?.. Не станут ли новые поезда вестниками новых катастроф?..

В общем, господа, ходите пешком. Если при этом на вас кто-нибудь не наедет — будете жить долго и счастливо.

Жители пороховых бочек

Авария «Невского экспресса» буквально «потонула» в целом потоке техногенных катастроф ноября и декабря 2009 года. 13 ноября, аккурат в «черную пятницу», в Ульяновске начался пожар при утилизации боеприпасов на складах артиллерийских вооружений Военно-морского флота (ФГУП «31-й арсенал»). В городе раздался такой грохот, что местные жители подумали о землетрясении. Во многих домах вылетели стекла, штукатурка посыпалась с потолков. При пожаре погибли два человека. В первый день были госпитализированы пять человек, в последующие дни в больницы поступили еще девять раненых. Панику в городе в том числе спровоцировал призыв правоохранительных органов Ульяновска запастись питьевой водой и марлевыми повязками, а также ограничить передвижение в районах, прилегающих к складу. Что именно взорвалось, не сопровождалась ли авария выбросами химических и радиоактивных веществ — никто толком не знал. В Ульяновске перестала работать сотовая связь, весь город словно бы парализовало. Осколки разлетались в радиусе трехсот метров, а болванку от артиллерийского снаряда нашли почти в километре от войсковой части, где произошел пожар. Как минимум сто неразорвавшихся снарядов было найдено за пределами арсенала.

Счастье, что пожарным удалось не допустить огонь к складам с тяжелым вооружением и к складам горюче-смазочных материалов, иначе последствия могли быть хуже. В непосредственной близости от места взрыва находятся, теплоэлектростанция и авиационный завод «Авиастар». Обозреватель «Известий» Юрий Снегирев писал с места события: «Не секрет, что сборщицы, а в данном случае разборщицы частенько нарушали технологию распатронивания боеприпасов. В первом цеху, откуда все и началось, разбирали „артиллерию“: 72-, 100- и 130-миллиметровые снаряды. Сначала выкручивалась капсюльная втулка и взрыватель. Затем, чтобы рассоединить собственно снаряд и гильзу, боеприпас помещали в специальный станок. Порох высыпался, снаряд и гильза шли на переплавку — латунь все-таки! Но у 100-мм снарядов гильзы были стальные. Станок с первого захода не справлялся. А план надо было выполнять. Вот и шарахали сборщицы снаряд о цементный пол, расшатывая его, словно больной зуб. Повторю: детонаторов в изделии уже не было. А был только бездымный порох. Теоретически, если бы он высыпался на пол и на него упала бы искра от грохнувшейся стальной гильзы, мог возникнуть пожар ...Снаряды рвались, как, наверно, во время Сталинградской битвы. Трассеры чертили задымленное небо. Земля стонала. Но что такое артиллерийский 130-мм снаряд по сравнению с торпедами и глубинными бомбами, которые хранились в соседнем здании? А сотни вагонов на подъездных путях, набитые боеприпасами? Специалисты утверждают, что если бы торпеды и бомбы сдетонировали, то взрывная волна стерла бы с лица земли Ульяновск. Прорвало бы дамбу, которая защищала нижнюю террасу от затопления, и волна — уже волжская — накрыла бы развалины. Все, как в Священном Писании... Действительно, произошло чудо: один тяжелый снаряд угодил в корпус, где хранились 20-метровые торпеды. Но не взорвался, а застрял в стене...»

Но только Ульяновск начал было приходить в себя, как 23 ноября при загрузке в автомобиль боеприпасов, обнаруженных на 31-м арсенале, произошла детонация с последующим взрывом. В результате взрыва восемь человек погибли и двое были ранены. Президент Дмитрий Медведев после ульяновской катастрофы отправил в отставку начальника инженерных войск СВ генерал-лейтенанта Юрия Балховитина, начальника главного ракетно-артиллерийского управления министерства генерал-майора Олега Чикирева, временно исполняющего обязанности начальника ГАБТУ Минобороны генерал-майора Вячеслава Халитова, и. о. начальника инженерных войск Приволжско-Уральского военного округа полковника Александра Бобракова. Президент отметил, что трагедия в Ульяновске стала следствием «полной расхлябанности» в организации работы по утилизации боеприпасов. Высказывалось предположение, что пожар был попыткой скрыть хищение на складах, ведь подобная практика отнюдь не нова.

До тех пор пока не произошла катастрофа, никто не задумывался о том, насколько опасно содержать склады боеприпасов прямо в жилом микрорайоне. Жители окрестных домов в буквальном смысле живут на пороховой бочке. О трагедии стали говорить как о «закономерном событии». «*Каждый день ждем – рванет или не рванет?*» — говорят люди.

Ощущение такое, что в России запущен «конвейер смерти». Каждого из нас могут перемолоть жернова техногенных катастроф, становящихся системой. «Черная пятница» затягивалась... Мы живем от катастрофы к катастрофе, и утром, включая телевизор, россияне уже совсем не удивляются тому, что, пока они спали, где-то что-то взорвалось, загорелось, прорвало. Все как в ироничном стихотворении Игоря Иртеньева:

Чу, взорвалась АЭС недалече.
Не беда, проживем без АЭС!

В ночь с 4 на 5 декабря в ночном клубе «Хромая лошадь» в Перми прогремел взрыв. Пожар возник в результате взрыва пиротехнических материалов, которые готовились для проведения праздничного фейерверка. Быстрому распространению огня способствовало то, что потолок над танцполом был в «сельском стиле» украшен хворостом, который мгновенно вспыхнул от петарды. Помещение клуба тут же превратилось в подобие пылающей печки. Не спавшие в это время жители соседних домов были очень удивлены, увидев, как из «Хромой лошади» начали выбегать люди в разорванной и горящей одежде. Клуб выгорел практически полностью. Пожар унес жизни более ста человек, около 160 пострадали, получив ожоги тела, верхних дыхательных путей и черепно-мозговые травмы. В начавшейся давке посетители клуба задыхались от дыма. Людей с сильными ожогами отправили в Москву на самолетах МЧС. Как черный юмор или зловещее пророчество сегодня выглядит опубликованный накануне трагедии анонс в афише ночного клуба «Хромая лошадь»: «*Кризис закончился!!! Провожаем его в последний пеший эротический путь на историческую родину! P.S. Каждый может забить гвоздь в крышку*». Не нужно шутить со смертью!.. О том, что пиротехника опасна для жизни и здоровья, говорилось уже давно, но никаких решительных мер к ограничению ее продажи так и не последовало. Выяснилось, что злополучный клуб «Хромая лошадь» неоднократно проверяли инспекторы Госпожнадзора и выписывали штрафы за нарушения. Результат этих нарушений — более ста погибших. Случившееся в Перми президент России Дмитрий Медведев назвал «тяжким преступлением». «Мне кажется, во-первых, нет ни мозгов, ни совести, а во-вторых, абсолютно безразличное отношение к тому, что произошло. Я посмотрел информацию — еще и в бега бросились», — возмущенно сказал президент. «Заведения подобного рода мы возьмем на особую заметку», — пообещал глава МЧС Сергей Шойгу.

У всех этих почти что синхронных катастроф очень много общего. Дважды случалась катастрофа с «Невским экспрессом», дважды начинались взрывы военных складов в Ульяновске. Оказывается, опыт пережитых чрезвычайных ситуаций никого ничему не учит. Однотипные катастрофы повторяются со страшной регулярностью, и каждый раз мы оказываемся к ним неподготовленными. И аварии поезда, и взрыва на арсенале, и пожара в ночном клубе можно было избежать, если бы ответственные за безопасность люди не пренебрегали своими обязанностями. Система обеспечения безопасности граждан страны на всех уровнях совершенно разрушена, и нет ни воли, ни желания ее восстанавливать.

Спустя лишь несколько часов после того, как потушили пожар в Перми, произошел взрыв на Ангарском нефтехимическом комбинате «Роснефти» в Иркутской области — взрыв сопровождался горением водорода, обрушилась кровля на площади сто двадцать квадратных метров, погиб один рабочий. Что и говорить, два серьезных ЧП за одни выходные — это уже чересчур... Неужели действительно все россияне — жители гигантской пороховой бочки?..

Господь подает нам знаки, вразумляет...

Неужели мы не прислушаемся?

Ничего страшного. Вместо эпилога

То, что не убивает нас, делает нас сильнее...

Фридрих Ницше

Есть такое известное шуточное выражение: «*Ковчег был построен любителем. Профессионалы построили „Титаник“*». История техногенных катастроф дает возможность понять, что, становясь «умнее» и овладевая новыми технологиями, человек становится все более уязвимым... Однако удивительно, как все-таки человечеству удалось выжить в условиях, когда на каждом шагу нас подстерегают природные катаклизмы, войны, эпидемии и техногенные катастрофы. Мы балансируем на краю пропасти, но «*пациент скорее жив, чем мертв*».

Существует теория, согласно которой эволюция человека еще не завершилась. Если виды животных и растений обречены на вымирание при резких изменениях условий окружающей среды, то человеку природой дан уникальный шанс — адаптироваться к изменившейся обстановке, а также меняться под воздействием катастроф.

Задумаемся: *возможно, именно катастрофы являются главным двигателем человеческой эволюции?..*

Ведь дело в том, что если бы не было катастроф (природных и техногенных), то человечество, возможно, давно остановилось бы в своем развитии, не чувствуя необходимости совершенствоваться. А в этом случае оно вымерло бы, как мамонты, не выдержавшие эволюционного марафона. Защищаясь от природы, стремясь обезопасить свою жизнь и жилище, человек создает новые технологии, которые, как ни парадоксально, приводят уже к совершенно новым катастрофам — иного, технологически более высокого порядка. Это тот замкнутый круг, по которому человечество на протяжении тысячелетий бежит от катастрофы к катастрофе.

Из всех живых существ только человеку Господь дал свободу воли и выбора. Мы сами выбираем стратегию развития окружающей нас техносферы, а по сути — *способы уничтожения человечества. Содружество человека с техникой — это альянс с потенциальным убийцей.*

Чтобы предотвратить одну катастрофу, человек подготавливает другую, но тем самым мобилизует свои интеллектуальные ресурсы, возможности разума, воли и физические силы во имя процветания и благополучия. Сколь бы странным это ни казалось, катастрофы помогают человечеству выжить на планете. Жестокая истина: люди гибнут, а выжившие становятся сильней. В этом Чарльз Дарвин был, скорее всего, прав.

И пусть это покажется странным, но род людской выжил на планете не *вопреки* катастрофам, а *благодаря* им.

Куда сегодня указывает вектор грядущих катастроф?..

К гибели человека или к его дальнейшему развитию?..

Выжившие будут сильными. Но будут ли они при этом настолько разумными, чтобы сохранить свою жизнь и не уничтожить самих себя в гонке за миражом прогресса?..

Американский исследователь Ли Дэвис, автор справочника «Man-Made Catastrophes» («Рукотворные катастрофы»), называет причины катастроф, объединенные понятием «человеческий фактор»: глупость, небрежность и корысть. По его мнению, все техногенные катастрофы сводятся к одной из этих трех причин. Техносфера словно бы ищет наше «слабое место» и именно по нему наносит свой удар. Нам много говорят о защите от террористических угроз, но главными «террористами» становятся обветшавшие перекрытия, «искрящая» электропроводка, прогнившие трубопроводы, расшатанные рельсы... А еще есть и такие «террористы», как разгильдяйство, небрежность и непрофессионализм.

В 1990-х годах либеральное правительство России начало проводить политику ухода государства из экономики. До сих пор либералы утверждают, что влияние государства на экономическую жизнь — абсолютное зло. Но они не отвечают на вопрос: если монополистам невыгодно вкладывать средства в предотвращение техногенных катастроф, то кто должен обеспечивать эту безопасность?.. Таким образом, сегодня мы построили «*общество риска*». Мы, россияне конца XX — начала XXI века, перед лицом вечности выглядим донельзя убого. Мы подобны беспутным детям богатых родителей, которые бездумно проматывают отцовское наследство. Большинство из нас живет в домах, построенных еще при советской власти. Мосты, железные дороги, автомобильные трассы в основном построены в прошлом столетии. Промышленный потенциал страны достался нам тоже от минувшей эпохи, оттуда же и энергетический комплекс новой России. Катастрофа на Саяно-Шушенской ГЭС со всей наглядностью показала, что смертельно опасно выжимать все соки из объектов энергетики, практически не модернизируя отрасль, не вводя новых электростанций. Наш сегодняшний вклад в модернизацию страны ничтожно мал.

Человек никогда не станет патриотом государства, которое не в состоянии его защитить. Ведь государство — это «сервисный институт» во главе с наемным работником — президентом. И функции государства — оказание необходимых обществу услуг, в том числе — по обеспечению безопасности каждого гражданина. Седьмая статья нашей Конституции гласит, что «*Российская Федерация — социальное государство, политика которого направлена на создание условий, обеспечивающих достойную жизнь и свободное развитие человека*». А в основе достойной жизни человека должна лежать уверенность в том, что он находится в безопасности.

Не важно, где мы находимся — дома, на работе, в вагоне поезда, в командировке или даже на иностранном курорте, — мы имеем право требовать от родной страны гарантии нашего безопасного существования, а если потребуется, то и защиты. И, положа руку на сердце, даже самые пламенные патриоты сегодня признаются, что не очень уверены в помощи государства... Сегодня ощущение близости катастроф материализуется. Во многом наша безопасность — в руках каждого из нас, хотя, конечно, от нас зависит далеко не все. Пассажиры парома «Эстония» никак не могли предупредить катастрофу, как и бессильны были что-либо предпринять люди, находившиеся в сбитом над Черным морем лайнере... Однако в наших силах обеспечить хотя бы элементарные правила собственной безопасности — за рулем автомобиля, на железнодорожной станции, в аэропорту... Лучше сомневаться в надежности любой техники, включая разные бытовые приборы, чем безгранично в нее верить. Эти сомнения помогут нам вовремя заметить опасность. Каждый из нас знает, что ситуация, например, в жилищно-коммунальном хозяйстве — аховая. По данным Министерства регионального развития, сегодня в России более 2,6 миллиона жилых домов. Половина из них нуждается в капитальном ремонте. Катастрофу в ЖКХ мы чувствуем на собственной шкуре — лопнувшие в мороз трубы, аварийные лифты, неработающая канализация, трещины в потолках и стенах, протечки, короткие замыкания, обрушения балконов и козырьков... Мало кто из нас может себя чувствовать защищенным, находясь даже в собственном доме. Здравомыслящий человек никогда не сядет в машину без тормозов, но зато он будет жить в доме, перекрытия которого «дышат на ладан», потому что средств на приобретение нового жилья нет. Английский афоризм «Мой дом — моя крепость» в российских условиях выглядит как обычная ирония.

«*Мы уже не верим в прогресс — разве это не прогресс?*» — вопрошает философ Хорхе Луис Борхес. Хотим мы того или нет, в ближайшие годы нам придется поменять свое отношение к окружающему миру, который становится все более жестоким к человеку. Сегодня уже есть новая специальность «кризисное управление». Возможно, когда-нибудь начнут готовить профессионалов по управлению катастрофой.

Железнодорожная авария «Невского экспресса» в ноябре 2009 года еще раз доказала: от увечий и гибели в катастрофе не застрахованы даже VIP-персоны. Ни деньги, ни власть не обеспечивают безопасность. В последние годы в автомобильной аварии разбились губернатор Алтайского края Михаил Евдокимов и губернатор Костромской области Виктор Шершунов, в авиакатастрофах погибли губернатор Красноярского края Александр Лебедь и советник президента России генерал-полковник Геннадий Трошев, железнодорожная авария унесла жизни руководителя Федерального дорожного агентства Сергея Тарасова и главы Федерального агентства по государственным резервам Бориса Евстратикова... «Черный список» высокопоставленных лиц, погибших в результате катастроф, — наглядное подтверждение того риска, от которого все труднее защититься.

Весьма символично, что костяком для создания главной политической силы страны — партии «Единая Россия», — стало Министерство по делам гражданской обороны, чрезвычайным ситуациям и ликвидации последствий стихийных бедствий. Это означает, что функции государственной власти все чаще сводятся к ликвидации последствий природных и техногенных катастроф. В Советском Союзе МЧС не было, но последствия случавшихся тоже достаточно часто катастроф качественно и оперативно ликвидировались «силовыми ведомствами», включая КГБ, пожарную охрану, Министерство обороны. Зато сегодня глава МЧС «всероссийский спасатель» Сергей Шойгу активно участвует в политической и общественной жизни страны, а в 2009 году вообще проявил себя как идеолог, выступив с инициативой принятия закона, который предусматривал бы уголовную ответственность за отрицание победы СССР в Великой Отечественной войне. Эта инициатива стала широко обсуждаться. Объясняя журналистам, почему «спасатель» внезапно выступил как защитник исторической памяти, Сергей Шойгу сказал: «...мне важно, чтобы мои дети и внуки не стали безразличными ребятами. Чтобы молодежь не разгуливала со свастикой и фашистскими орденами по улицам городов. *Мне как спасателю хорошо известно, что лучше предотвращать катастрофы, чем ликвидировать их последствия*. Здесь тот же принцип работает». То есть в исторической науке, по мнению Шойгу, «работает» тот же принцип, что и в работе спасателей. Эта цитата позволяет увидеть, что Шойгу рассматривает понятие катастрофы достаточно широко, в том числе как явление идеологическое. Он явно видит себя человеком, спасающим Россию от национальной катастрофы. Не от наводнения, не от засухи, не от взрыва бытового газа, а прежде всего — от крушения российской государственности. МЧС — ликвидатор кризисов, опора государства, символ безопасности страны и защищенности каждого гражданина. Если кошка застряла в трубе, если рухнул балкон — звони в МЧС. Если в учебнике истории искажены исторические факты — тоже обращайся в ведомство Сергея Шойгу. Оно спасает от духовных катастроф.

В России принято ругать милицию и здравоохранение, армию и образование, парламент и суды, транспорт и сельское хозяйство. Но выступать с критикой в адрес спасателей — своего рода дурной тон, почти кощунство. Достаточно вспомнить, какой общественный резонанс получили публикации журналиста Михаила Афанасьева, который обвинил спасателей в непрофессиональных действиях во время катастрофы на Саяно-Шушенской ГЭС. Действительно, как повернется язык обидеть резким словом тех, кто спасает нашу жизнь?.. Однако тех же врачей, которые приходят нам на помощь гораздо чаще, чем сотрудники МЧС, мы совсем не боимся обидеть критикой. МЧС представляется россиянам некой «последней надеждой», олицетворением силы и одновременно доброты, заботливости государственной власти. МЧС — сакральная сила российской действительности. Поэтому Сергей Шойгу — единственный, пожалуй, министр, который при смене состава правительства России неизменно сохраняет свой пост. Уйдет он — спасать нас будет некому... Как бы то ни было, ликвидация последствий катастроф становится задачей политической.

Вспомним уроки Чернобыля. С запуганным обществом можно делать что угодно... Деморализация — это прежде всего уязвимость, фактор политической нестабильности. А в наше время небывалого расцвета информационных технологий масштабы любой катастрофы могут быть преувеличены или сведены к минимуму в зависимости от целей тех людей, которые манипулируют обществом, авария может быть объявлена террористическим актом, а террористический акт — аварией. О том, что мифическая авария может привести общество в состояние нешуточной паники, убедились петербуржцы 22 мая 2008 года. Весь город взбудоражили слухи о том, что на Ленинградской атомной станции в Сосновом Бору произошел выброс радиации и уже готовится эвакуация населения. Многие горожане кинулись в аптеки запасаться йодом, раствор которого помогает защитить щитовидную железу при радиационном заражении, кто-то всерьез задумался о том, чтобы уехать из города. Официальные лица Соснового Бора и Санкт-Петербурга поспешили успокоить горожан, но панические слухи распространялись быстрее, чем сообщения городского руководства. Оказалось, что информацию о катастрофе некие неизвестные злоумышленники распространяли через SMS-сообщения. Распространение этих слухов нельзя оценить иначе, как информационный терроризм. Призрак Чернобыля бродит по миру...

Сегодня в России люди уже не стесняются выходить на улицы в ватно-марлевой повязке, когда начинается эпидемия гриппа. Это значит, мы готовы изменить наше отношение к мерам собственной безопасности. Безопасность должна стать стилем жизни, *модой* завтрашнего дня. Ведь мы каждый день выбираем в жизни нечто большее, чем просто, например, в каком доме жить, на каком автомобиле ездить, в каком торговом центре делать покупки, услугами какой авиакомпании пользоваться... Мы должны четко разбираться, в каком автомобиле обеспечена максимальная безопасность пассажира, какая авиакомпания эксплуатирует «подержанные» самолеты, а в какой авиационная техника — самая современная и надежная. За нас это не сделает никто. «Престижным» в современном мире должен стать только тот бренд, который может считаться по-настоящему безопасным. Это — один из главных уроков пережитых техногенных катастроф.

Катастрофы — это та реальность, в которой нам всем суждено жить.

Мы выжили. Есть надежда, что мы поумнели.

В общем, ничего страшного…

Основные источники и литература

Алексиевич С. Чернобыльская молитва. Хроника будущего. М., 2006.

Байконур — чудо XX века. Воспоминания ветеранов Байконура об академике М. К. Янгеле и космодроме. М.: Современный писатель, 1995.

Байрамова Ф. Ядерный архипелаг, или Атомный геноцид против татар. Казань, 2005.

Баландин Р. К. Полигоны смерти? Сделано в СССР. М., 2008.

Богуненко Н. Музруков. М.: Молодая гвардия, 2005.

Возняк В., Троицкий С. Чернобыль. Как это было. Взгляд изнутри. М., 1993.

Войтенко М. Гибель парома «Эстония» — десять лет без права на правду. URL: http://www.odin.tc/disaster/estonia.asp (дата обращения 07.12.2009).

Гераськo В. Н., Ключников А. А., Корнеев А. А. и др. Объект «Укрытие». История, состояние и перспективы. Киев, 1997.

Гибель линейного корабля «Новороссийск». Документы и факты / Сост. А. Каржавин. СПб., 1992.

Горбачев В. Демон мирного атома // Вокруг света. 2006. Апрель.

Губарев В. Конструктор. Несколько страниц из жизни М. Янгеля. М., 1977.

Губарев В. Ядерный век. Зеркало Урала. М., 1997.

Гурьянова Л., Васильев Д. Мертвые зоны. Города-призраки. СПб., 2006.

Доценко В. Кто убил «Курск»? СПб., 2000.

Игнатенко Е. И. Два года ликвидации последствий Чернобыльской катастрофы. М., 1997.

Иллеш А. Катастрофа. М., 1989.

Ионина Н., Кубеев М. Сто великих катастроф. М., 1999.

Космодром Байконур в начале пути. Очерк об испытателях и специалистах космодрома Байконур. Б. м., 1992.

Колобов О. А., Рыбаков Н. И. Взрыв. Техногенная катастрофа в Арзамасе 4 июня 1988. Н. Новгород, 1998.

Комарова Г. А. Предтеча Чернобыля. М., 2002.

Кузнецов Б. «Она утонула...» Правда о «Курске», которую скрыл генпрокурор Устинов. М., 2005.

Курушин М. Ю. Подводная лодка «Курск». Рождение. Жизнь. Версии гибели. Подробности. М., 2000.

Ларин В. И. Русские атомные акулы. М., 2005.

Ломтев А. Взрыв. URL: http://www.gazeta-sarov.ru/social/?id=31 (дата обращения 07.12.2009).

Лучший корабль современности. URL: http://navycollection.narod.ru/library/mormul/70.htm (дата обращения 07.12.2009).

«Маяк» — наша гордость и боль. Дубна, 2007.

Михайлов А. Подлодка К-278: шаг в бессмертие//Комсомольская правда. 2009. 7 апреля.

Михаил Горбачев об аварии в Чернобыле. URL: http://news.bbc.co.uk/hi/russian/news/newsid_4936000/4936186.stm (дата обращения 07.12.2009).

Мормуль Н. Г. От «Трешера» до «Курска». СПб., 2001.

Непомнящий Н. Н. Чернобыль. Неизвестные подробности катастрофы. М., 2006.

Новоселов В., Толстиков В. Тайна «Сороковки». Екатеринбург, 1995.

Норченко А. Проклятая тайна. СПб., 1999.

Поликарпов Ю. Герои атомного фронта. Владимир, 2006.

Постников А. И. Гибель парома «Эстония». СПб., 1999.

Рабе Ю. Трагедия балтийского «Титаника». Гибель парома «Эстония». М., 2007.

Савельев П. С. Пожары и катастрофы. М., 2003.

Сергеев О. Зачем взорвали «Новороссийск»? Гибель линкора была нужна руководству СССР // Независимое военное обозрение. 2005. 28 окт.

Славин С. Н. Тайны военной космонавтики. М., 2005.

Слюсаренко В. Выживший с подводной лодки «Комсомолец». URL: http://hrist-sv.ucoz.ru/publ/13-1-0-113

Сохина Л. П., Колотинский Я. И., Халтурин Г. В. Плутоний в девичьих руках. Екатеринбург, 2003.

Спасский И. Д. «Курск». После 12 августа 2000 года. М., 2003.

Цукерман В. А., Азарх З. М. Люди и взрывы // Звезда. 1990. № 11.

Черненко А. Владимир Правик. М., 1988.

Черкашин Н. Унесенные бездной. Гибель «Курска». Хроника. Версии. Судьбы. М., 2001.

Чернобыль. Десять лет спустя. Неизбежность или случайность? / Под ред. А. Н. Семенова. М., 1995.

Ячменникова Н. Схватка в Космосе // Российская газета. 2007. 26 апреля.

Беззубцев-Кондаков Александр Евгеньевич

Почему это случилось?
Техногенные катастрофы в России

Заведующая редакцией	*М. Трофимова*
Ведущий редактор	*Е. Власова*
Литературный редактор	*Е. Леля*
Художник	*А. Татарко*
Корректоры	*В. Листова, И. Тимофеева*
Верстка	*Е. Егорова*

Подписано в печать 01.02.10. Формат 60×88/16. Усл. п. л. 18. Тираж 3000. Заказ 21022

ООО «Лидер», 194044, Санкт-Петербург, Б. Сампсониевский пр., 29а.

Налоговая льгота — общероссийский классификатор продукции ОК 005-93, том 2;
95 3005 — литература учебная.

Отпечатано по технологии CtP в ОАО «Печатный двор» им. А. М. Горького.
197110, Санкт-Петербург, Чкаловский пр., 15.

Cecilia JM, Garcia JM, Ujaldon M, Nisbet A, Amos M (2011) Parallelization strategies for ant colony optimisation on GPUs. In: 14th International workshop on nature inspired distributed computing

Chen L, Sun Y, Wang S (2008) Parallel implementation of ant colony optimization on MPP. In: Machine learningand cybernetics. International conference, vol 2. pp 981–986

Christofides N, Mingozzi A, Toth P (1981) Exact algorithm for the vehicle routing problem based on the spanning tree and shortest path relaxation. Math Prog 20:255–282

Dawid H, Doerner K, Hartl R, Reimann M (2002) Ant system to solve operational problems. Quant Models Learn Organiz, pp 65–82

Dorigo M, Stuzle T (2004) Ant colony optimization. Massachusetts Institute of Technology, Massachusetts

Fisher ML (1994) Optimal solution of vehicle routing problems using minimum k-trees. Oper Res 42:626–642

Lin Y, Cai H, Zhang J (2007) Pseudo parallel ant colony optimization for continuous functions. Int Conf Nat Comput l. 4:494–500

Reimann M, Doerner K, Hartl RC (2004) D-Ants: savings based ants divide and conquer the vehicle routing problem. Comput Oper Res 31:563–591

You Y (2009) Parallel ant system for traveling sales-man problem on GPUs. In: Eleventh annual conference on genetic and evolutionary computation

Author Index

DOI: 10.1007/978-1-4471-2321-7,